エネルギー・環境
100の大誤解

工学博士 小島 紀徳
工学博士 鈴木 達治郎 編著
博士(工学) 行本 正雄

コロナ社

■ 編　者

小島　紀徳（成蹊大学）
鈴木達治郎（内閣府 原子力委員会）
行本　正雄（中部大学）

■ 執筆者

一本松正道（株式会社ルネッサンス・エナジー・インベストメント）
勝田　忠広（明治大学）
加茂　徹（独立行政法人 産業技術総合研究所）
小島　紀徳（成蹊大学）
里川　重夫（成蹊大学）
鈴木達治郎（内閣府 原子力委員会）
高瀬　香絵（株式会社 Governance Design Laboratory）
田原　聖隆（独立行政法人 産業技術総合研究所）
中込　秀樹（千葉大学）
二宮　善彦（中部大学）
濱野　裕之（独立行政法人 国立環境研究所）
行本　正雄（中部大学）

（所属は 2010 年 1 月現在）

（五十音順）

まえがき

　本書『エネルギー・環境100の大誤解』は，同じコロナ社から2005年6月に刊行された『エネルギー・環境キーワード辞典』や，「シリーズ 21世紀のエネルギー」（いずれも日本エネルギー学会編）の姉妹書である。

　「シリーズ 21世紀のエネルギー」は，これからのエネルギーを多方面から俯瞰し，重要なエネルギーについて，その道の専門家に執筆をお願いするというコンセプトであった。小島が委員長を仰せつかってからは，前委員会により発刊された5冊から数年間のブランクを経て，2006年には『ごみゼロ社会は実現できるか』，2008年には『太陽の恵みバイオマス』を発刊するに至っている。このシリーズが本書の長姉といえよう。

　この委員会，平行して次姉『エネルギー・環境キーワード辞典』誕生に奔走する。エネルギーの目から見たさまざまな関連する事象を広く，環境も含め解説する辞典が，世に望まれていたことがきっかけである。そしてこの次姉の誕生とともに，委員会としての活動を終了する。

　しかし，この委員会では，実はさらにもう一つの企画が生まれつつあった。それは，世にいわれる常識にはいかに「うそ」が多いか，これを，「大誤解」としてまとめられないだろうか，というものであった。書名である「100の大誤解」もこのころの上記委員会のメンバー（リストは，長姉，次姉の委員名簿を参照されたい）により提案された物であったし，本書で取り上げた「100」の標題の大部分もそのころからすでに上げられていたものである。その委員会メンバーの内3名が中心となり，ようやく本書誕生までこぎつけることができたのである。確かに書名は過激ではあるが，執筆はその道の専門家にお願いしている。ただ，その後，編者が敢えて専門家の執筆内容に異論反論を「コメント」として掲載し，なにが本当なのかを読者にも考えてもらえるように改めた。

　本書の編集にあたり，コロナ社には，今日までの苦労をともにしていただき，ようやく刊行に至ることになった。ここに記して感謝させていただく次第である。

2009年1月

　　　　　　　　　　　　　　　　　　編者・著者を代表して　小島　紀徳

目　　次

CO₂・地球温暖化

- 01　木はCO₂を吸っている？…2
- 02　アマゾンはCO₂を固定も放出もしていない？…4
- 03　砂漠を緑化してはいけない？…6
- 04　砂漠に植林は必要か，可能か？…8
- 05　人間の息にはCO₂が含まれる。だから人口増は温暖化を加速する？…10
- 06　京都議定書の発効で温暖化対策は進むの？…12
- 07　発展途上国が参加しない京都議定書には意味がない？…14
- 08　CO₂の排出を5％減らせたら，いったいなにが起こるの？…16
- 09　CO₂・地球温暖化問題は，ほかの環境問題に比べれば大した問題ではない？…18
- 10　CO₂濃度が上がったから暖かくなった？（いや太陽の影響が大きい？）…20
- 11　CO₂はリサイクルすべき？…22
- 12　CO₂を固定してきたのはサンゴか木か？　そしてサンゴはいまも？…24
- 13　木造住宅でCO₂の固定を？…26
- 14　海はCO₂の吸収源？…28
- 15　深層水汲み上げにより，地球は冷やせるの？　CO₂は吸収されるの？…30
- 16　CO₂は地球温暖化の元凶？　CO₂放出の主因は，化石燃料？…32
- 17　メタンや亜酸化窒素は，むしろ農地や自然環境から放出される？…34
- 18　CO₂は回収，除去できる？…36
- 19　天然ガスは地球温暖化問題を解決する？…38
- 20　石炭は使ってはいけない？　石炭利用技術はもういらない？…40
- 21　地球温暖化対策，日本はCO₂削減6％でいいの？…42

新エネルギー

- 01　バイオマスは本当に再生可能エネルギーだろうか？…44
- 02　自然エネルギーは立地歓迎？…46
- 03　日本に自然エネルギー立地は難しい？…48
- 04　太陽電池は本当に地球に優しい？…50
- 05　新エネルギーは実用化できる？…52
- 06　水からエネルギーを取り出すことができる？…54
- 07　カリフォルニアにはエネルギーがいっぱい？…56
- 08　太陽などの自然エネルギーは本当にエネルギーを生み出せるの？…58
- 09　水素は本当にクリーン？…60
- 10　森林での太陽エネルギー利用効率は高々0.5％にすぎない？　62
- 11　熱帯林破壊の原因は，木材の輸出？…64

原 子 力

- 01 核融合炉は実現するの？…66
- 02 核の民生利用と軍事利用は区別できるの？…68
- 03 東京に原発はむり？…70
- 04 将来，新しい安全な炉はできる？…72
- 05 自由化になると原子力発電所の競争力・安全性は悪化する？…74
- 06 脱原発は本当にできるの？…76
- 07 核燃料サイクルは環境に優しい？…78
- 08 自然放射線は無視してよい？…80
- 09 原発や放射性廃棄物の処理は難しい？…82
- 10 地震が多い地域に原発はできない？…84
- 11 日本では核テロリズムが起きない？…86
- 12 東海村JCO臨界事故は教訓になった？…88
- 13 放射線と放射能は一緒？…90
- 14 原子力発電は将来を担うエネルギー源？…92
- 15 原子力は本当に安全？…94

電力・ガス

- 01 電気になるのはたった40％のエネルギー。では電気にするのは無駄？…96
- 02 分散型電源はクリーン？…98
- 03 夏のピークは高校野球が原因？…100
- 04 電力化は環境にやさしい？…102
- 05 省エネしたら電力会社は儲からない？…104
- 06 夏のピークに原発は役に立つ？…106
- 07 電力は輸出入できない？　貯蔵できない？…108
- 08 電気は貯められないから発電所がたくさんいる？…110

政策・雑学

- 01 数値目標って守るべきもの？…112
- 02 米国は地球温暖化対策に消極的？…114
- 03 自由化市場では電気料金は下がる？…116
- 04 需要予測モデルはよく当たる？…118
- 05 電気の"質"は選べるの？…120
- 06 CDMで発展途上国も先進国もハッピー？…122
- 07 専門家の意見はいつも一致している？…124
- 08 地球温暖化問題と公害問題は本質的に異なる？…126
- 09 石油価格の高騰は石油依存度の高い日本に不利？…128
- 10 日本のエネルギー自給率はもっと高いほうがよい？…130
- 11 先進国のエネルギー消費を減らしても問題は解決しない？…132

12 環境税で本当に地球は救われるの？…134

化石燃料

01 石油危機が起ると日本が一番不利？…136
02 米国は石油大国だから心配いらない？…138
03 中東依存度の高い国ほど心配？…140
04 中国のエネルギー需要が伸びるとアジアで資源の取合いが起る？…142
05 LNGはエネルギーを無駄なく使える？…144
06 石炭火力発電所は変わった？…146
07 日本にはエネルギー資源がない？…148
08 石油は「ずっと」あと40年？…150
09 石炭は2007年現在で，あと145年？…152
10 本当にあるの？　メタンハイドレート…154
11 私たちは石油を食べて生きている？…156

省エネ・省資源

01 クリーンエネルギー自動車は高くて当たり前？…158
02 雨水利用で本当に省エネといえる？…160
03 サマータイムやフレックスタイムの導入は省エネに役立つの？…162
04 ハイブリッドカーは10年乗れる？…164
05 電気自動車は環境に優しい？…166
06 節水こまは水不足を解消できる？…168

ごみ・リサイクル

01 循環型社会と持続可能な社会は違う？…170
02 プラスチックは燃やしてはいけない？…172
03 RDFは効率がいい？…174
04 PETボトルのリサイクルは本当に良いことなの？…176
05 下水道はごみ箱とエネルギー供給を両立できる？…178
06 たき火でダイオキシンが出るの？…180
07 プラスチックのリサイクルが進むと消費量が増える？…182
08 電力会社はごみ発電の電気を買うの？…184
09 どんなプラスチックも石油に戻せる？…186
10 自然はごみを作らないはうそ？（石灰石，リン鉱石）…188
11 ごみ回収は有料で良いの？…190
12 リターナブル瓶は本当に環境に良いの？…192
13 ごみ分別は分ければ分けるほど本当に良いの？…194
14 塩ビラップは本当に環境に優しくない？…196
15 紙おむつは省エネ効果があるの？…198
16 プラスチックは燃えやすい？…200

凡　例

【見開きページ　左】

テーマ番号
分類ごとの通し番号になっている。

新エネルギー　01

バイオマスは本当に再生可能エネルギーだろうか？

テーマ

→関連　新エネルギー10

　この疑問を考えるにあたり、まずは言葉の定義、および一般的な説明から入ろう。まずバイオマスとは、もともと生態学で用いられる専門用語だったが、現在ではエネルギーとして利用できるまとまった量の生物（おもに植物）起源の物質の意味で用いられている。バイオマスとしては、廃油、古紙、食品廃棄物、木くず、建築廃材、黒液、家畜糞尿、稲わら、もみがらなどの廃棄物と樹木や草本などのエネルギー作物がある。再生可能エネルギーには、太陽エネルギー、地熱、風力、波力、潮力、海洋温度差などがあり、石炭、石油などの化石燃料のように利用すればするほど枯渇していくようなエネルギーではない。バイオマスもこの再生可能エネルギーの一つとして考えられているが、ほかのエネルギーと比べて大きく異なる点は、有機体という点である。バイオマスは太陽エネルギーを利用し、水とCO_2からこの有機体を生成しているため、持続的に再生可能な資源なのである。

　現在は廃棄物系のバイオマスが取り上げられることが多いが、長期的に重要となると考えられているバイオマスはエネルギー作物である。この特徴は、循

関連
内容的に関連のあるテーマのテーマ番号を示している。

【見開きページ　右】

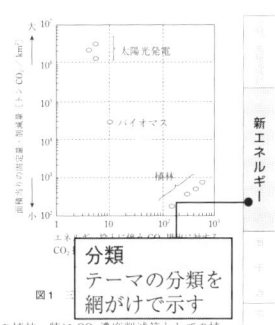

図1

なるが、植林を行う際、刈取り、輸送、エネルギー転換で必要なエネルギー量は、得られるバイオマスエネルギーに比べて十分小さい必要がある（図1）。つまり、植林をするために重機の利用や湛水を得るために多くのエネルギーを使う方法は好ましくなく、また切り出した木材をどのように集材し、どのような形体（チップ化、液化）で輸送し、どう利用するのか。生産から利用までを最適化を行わない限り、有効な再生可能エネルギー利用とはならないのである。再生可能エネルギー利用としての植林、特にCO_2濃度削減策としての植林には、大規模に植林を展開する必要がある。今後の食糧問題を鑑みると、食糧生産と競合せずに、大面積に展開できる乾燥地、半乾燥地での植林が有望視されている。現在、植林から利用まで、最適に行う研究が推進されている。〔濱野〕

分類
テーマの分類を網がけで示す

執筆者名

コメント
編者による異論反論など。何が本当か読者にも考えて欲しい。

コメント　上記で最適な森林管理という用語が出てきたが、森林経営の上で欠かせないことは、その土地の持続可能性である。木材を収穫した後は、地力の回復も含め、何世代にも渡って持続可能な生産を続ける必要がある。図1に示すようにそれぞれの技術が適材適所である必要がある。また植林後バイオマス生産する場合、一般投入エネルギーが小さいが、密な森林をバイオマス生産のために切り開くとCO2が放出されることにも注意したい。バイオマスだからといって安易な土地利用は許されない。〔小島〕

コメント者名

引用・参考文献
テーマに関連した文献

引用・参考文献
1）Kojima et al.: RETRUD, Nepal (2003)

CO₂・地球温暖化　01

木はCO₂を吸っている？

➡ 関連：CO₂・地球温暖化 02, 12, 14／新エネルギー 10, 11

　だれでも，自分で植物を育てたり，記念樹が大きくなるのを見守ったり，身のまわりにある樹木の生長を実感する経験はあるだろう。樹木の生長は，太陽の可視部の光エネルギーが葉緑素により吸収され，大気中のCO_2と水から光合成によってグルコースが生成されることにより行われる。

$$CO_2 + H_2O \rightarrow \frac{1}{6}C_6H_{12}O_6 + O_2$$

　グルコースの生成により樹木は生長をするが，この反応を可能としているのは，植物が葉緑体という緑色の色素を有しているためである。光エネルギー中には赤や青の光があるが，葉緑体はこの光をクロロフィルやカロチノイドなどの色素により吸収し，光合成のエネルギーとしている。落葉樹は，寒い冬の時期を耐えた後に新緑の時期に緑色の葉を付け始め，秋に落葉するまでの間にその年の生長を行っている。

　さて，身近にある樹木を見てもわかるように，生長にも限界がある。一番大きな樹木は米国カリフォルニア州レッドウッド国立公園のセコイアスギといわれるが，それでも樹高にして111 mにしかならない。それでは，樹木は生長とともにどのようにCO_2を吸収しているのであろうか。**図1**に純林における林齢変化および呼吸量，純生産量の経年変化を示す。樹木は光合成により生長するが，一方で葉や幹，根で呼吸をしている。樹木の実際の生長量は，総生産量からこの呼吸による分を差し引いた量が純生産量，つまり実質的な植物による炭素固定量となる（図(b)）。さらに落葉落枝や被食（枯死被食量）を引いた残りが現存量の増加になる（図(c)）。この枯死被食分は微生物や動物などの呼吸により大気に還ってゆく。すなわち木は若いときには生長するが，樹齢が高くなるにつれて純生産量，現存量の増加はゼロに近づいていく。つまり，炭素固定として樹木の生長を捉えると，植林後の生長著しい期間は炭素固定に貢

献するが，ピークを越えると炭素固定効果は小さくなってしまう。成熟した森林では，生長過程で得られた蓄積分は，火事や火山活動，地殻変動，老齢化，病気のために枯木となり土に還る。つまり真の生産はゼロであるとしてよい。成木はCO_2を一時的には吸っているが，光合成の結果として得られる総生産量と，葉，幹，根などでの呼吸，落葉落枝などの総量とがバランスし，実質的なCO_2固定は行われていないのである。

したがって「木はCO_2を吸っている？」という問いに対する答えは"はい"である。確かに，木は枯死するまでCO_2を吸い続ける。しかし，「木がCO_2を固定しているか」という問いについては，一定期間はCO_2固定に貢献するが，その機能は生長の停滞に伴い低下していくということになる。
〔濱野〕

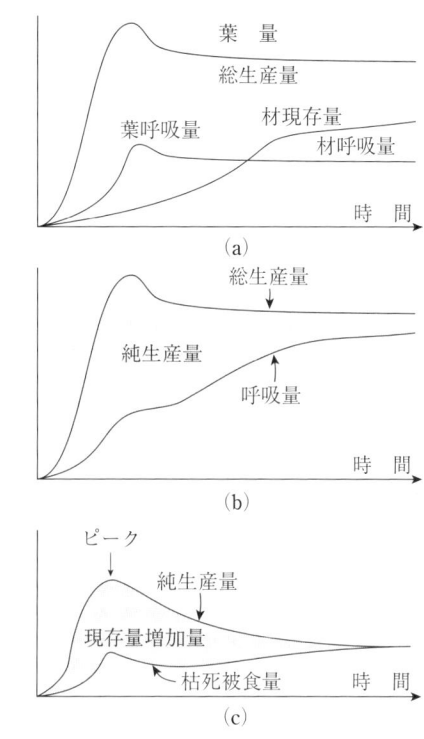

図1　純林における林齢変化および呼吸量，純生産量の経年変化の模式図

> **コメント**　光合成は安定なCO_2と水から不安定な有機物を作るため，太陽からの光エネルギーが必要となる。このことからわかるように，植物の働きとは，エネルギーを有機物として貯めることである。すなわち，ことの本質は，CO_2どうこう以前の，自然エネルギーとしての利用にかかわることになる。このエネルギーをバイオマスエネルギーという。しかし，森林の場合にはもう一つの機能として，炭素が貯まっているという事実がある。生長が止まった木でも"炭素を貯めている"という役割は十分果たしている。〔小島〕

アマゾンは CO_2 を固定も放出もしていない？

→ 関連：CO_2・地球温暖化 01, 12, 14 ／新エネルギー 10, 11

　アマゾン川は，万年雪を頂く標高 5 100 m のペルー・アンデス山中の小さな流れが源流となっている。アマゾン川の流域の水量は，地球上の淡水の 20 % を占め，河口部の川幅は 320 km と対岸が見えないほどの大きさである。アマゾン熱帯林の総面積は 5 億 ha であり，日本の国土面積の 13 倍に相当する。約 6 割がブラジルに属し，残りはベネズエラ，コロンビア，エクアドル，ペルー，ボリビア，ガイアナ，スリナムの計 8 か国にまたがる河川流域である[1]。

　ここでは，アマゾン生態系でも約 6 割を占めているブラジルを中心にこの問いについて考える。国連世界食糧農業機関（FAO : Food and Agriculture Organization of the United Nations）は，森林伐採，生物的多様性，砂漠化，持続可能な開発などを国家および国際的レベルで議論するために，森林に関する幅広いデータベースが必要なことから，State of the World's Forests の報告書を隔年で発行し，世界の森林状況を web サイト（http://www.fao.org/forestry/en/）上で無料公開している。2007 年報告書から，ブラジル国内の森林は，全世界森林のバイオマス（地上，地下，枯死木を含む）量で，約 21 % 占めている。世界の森林炭素バイオマス量は 2 404 億トンであり，そのうち 493 億トンがブラジルの森林に固定されていることになる。

　2000 年に Houghton らがブラジル国内のアマゾン熱帯林における森林減少（伐採，山火事）と再生量を算定し，CO_2 収支を推定した結果を報告している[2]。この推定結果では，ブラジルアマゾンにおける CO_2 の固定と放出はほぼバランスがとれていた。

　しかし現在でもアマゾンでは，穀物生産や放牧地の確保のための焼き畑による森林伐採が行われ（図 1），大量の CO_2 が放出されている。ブラジル政府は，ダムの建設，道路，パイプライン建設などのインフラ整備を進め，大規模な鉱業開発もしており，開発規制をかけない限り森林破壊に歯止めがかからな

図1 ブラジルアマゾンにおける森林伐採の経年変化

いのが現状である。National Institute of Space Research の報告によれば，1990〜2000 年の年平均では 1 万 6 514 km^2 の森林が伐採され，2001〜2008 年に減少した年間森林面積は 1 万 8 586 km^0 であり，Houghton らがブラジルアマゾンでは CO_2 を固定も放出もしていないとする報告をした 2000 年以降も，森林伐採は年変動があるものの増加傾向を示している。アマゾンにおける森林伐採および商業農作物生産の後に残されるのは荒れ地であり，この土地を回復することは非常に困難であることを忘れてはいけない。現在の森林破壊が進む限り，アマゾンが CO_2 の排出源になる方向に進んでいることは明らかである。〔濱野〕

コメント アマゾン生態系そのものは肺ではなく，体全体である。当然ながら，化石燃料から放出させた CO_2 の吸収源にはなり得ない。化石燃料，特に石炭は森林から作られたものであるから吸収源であるとの説に対しては，その期間は数億年であったことで反論しよう。要はあまりに遅いので無視できる。しかしじつはそれでも森林破壊分を除けばアマゾンは吸収源であるとの説がまだある。CO_2 濃度が増えたから木も太った，という説である。確かに恐竜映画に出てくる木は大きい（恐竜のいたころは，いまよりも CO_2 濃度が高かった）。この説は結構支持されているようであるが，それでも森林破壊分には追いつかないだろう。結局のところは放出源ということか。〔小島〕

引用・参考文献
1) 石弘之：世界の森林破壊を追う，朝日新聞社（2003）
2) Houghton et al.: Annual fluxes of carbon from deforestation and regrowth in the Brazilian Amazon, Nature, Vol. 403, pp.301〜304 (2000)

CO₂・地球温暖化　03

砂漠を緑化してはいけない？

→関連：CO₂・地球温暖化 04

　砂漠は緑化すべきだろうか，それとも緑化してはいけないのだろうか？　まず後者から。自然は非常に繊細であり，人の手を加えて緑化すると，気象条件や生態系が変化し，新たな問題が発生する危惧があるから，現状のままにするのがよいという考え方である。これは一見，非常に自然の摂理を尊重して，自然環境保全にとても良いことのように思える。しかし，それは本当に自然にとって，人類にとって良いことなのだろうか？

　砂漠化の現状を見てみよう。世界には61億ha以上の乾燥地が存在し，そのうち9億haはきわめて乾燥した砂漠である。残りの52億haは，乾燥，半乾燥および乾燥半湿潤地域であり，作物栽培可能な土地である。また，世界の全陸地の1／4の36億haが砂漠化の影響を受けており（図1(a)），そこでは世界人口の約1／6の人口に相当する人々が暮らしている（図(b)）。大陸別に耕作可能な乾燥地における砂漠化の割合を見てみると，アジアが最大の36.8 %，ついでアフリカ，北米となっている（図(c)）。これらの砂漠化した土地のうち，干ばつなどの気候変動に起因するものが13 %，過放牧，過耕作，塩類集積，薪炭材の確保による乱伐などの人為的要因が87 %といわれている[1]。つまり，砂漠化の大部分が人間活動により加速されているのである。その意味で"砂漠

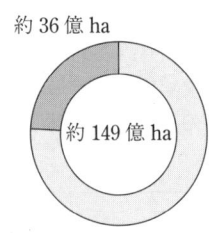

(a) 砂漠化の影響を受けている土地の面積

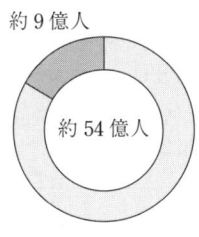

(b) 砂漠化の影響を受けている人口

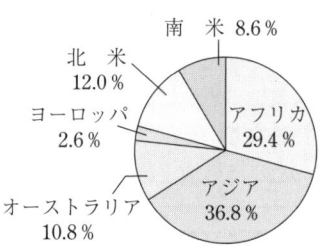

(c) 耕作可能な乾燥地における砂漠化地域の割合（大陸別）

図1　砂漠化の現状[2]

を緑化してはいけない"という前に,まずは人為的な砂漠化を未然に防ぐ必要がある。少なくとも人が利用し,そして放置されたために生じた砂漠を緑化などにより修復することは,現地にある種類の植物をおもに使っている限り,生態系の大きな破壊にはならないはずだ。

砂漠の緑化は,一体,なにに役立つのだろうか? 吉川[1]は,乾燥地(砂漠)緑化のおもな目的は,砂漠化によって破壊された植生を復元し,砂漠化土地の拡大を阻止することであるとしている。土地が緑化されることにより,強風を弱めることができ,また地表面への直射日光が緩和されることにより,樹木の下層部に草や昆虫,微生物などが住みやすい環境を作り出していくことで生物の快適な住環境の回復が進んでいく。さらに,アグロフォレストリーと呼ばれる植林と農業生産を共存させる農業形態がさまざまな国で行われている。農業と森林との共生により,農作物収量の増加,土地環境の改善などが期待されるだけではなく,植栽した木は適切な管理の下で伐採を行うことで,薪炭材や建築材などへ利用できる。

人類が築き上げた文明の後には,必ず砂漠化した大地だけが残っていった。現代社会は自然界で行われている営みを無視し,自然資源を搾取することで豊かな生活を手にし,その結果として砂漠化を招いてきた。過去の文明は土地を捨て,新天地を求めることができた。しかし現代人は,地球が有限であることを認識しつつ,砂漠を緑化していくべきだろう。〔濱野〕

コメント1 緑化反対論者の肩は持たないが,環境派といわれる人にはそのような意見を持つ人も多いのが現状である。しかしそれで済むとは思えない。〔小島〕

コメント2 緑化は街作りにもかかせない。人類はオアシスを求め,砂漠の緑化を進めてきたといっても過言ではない。〔小島〕

引用・参考文献
1) 吉川賢,山中典和,大手信人 編著:乾燥地の自然と緑化,共立出版(2004)
2) UNEP: A new assessment of world state of desertification, Desertification Control Bull., No.20 (1991)

CO₂・地球温暖化　04

砂漠に植林は必要か，可能か？

➡ 関連：CO₂・地球温暖化 03

　(CO$_2$・地球温暖化 03) で述べたように，世界的規模で起きている砂漠化の87％は人間活動によって引き起されている。人為的要因で砂漠化しつつある土地では，植林などにより砂漠化防止を行う必要がある。砂漠における植林の効果としては，防風林，直射日光緩和による下層動植物の生育環境の創出，土地環境（水，塩類，有機物）改善による作物収量増加などが挙げられる。

　もう一つ，植林には大切な役目がある。それは，地球温暖化の主原因といわれている CO_2 を，植物が光合成により体内に取り込み，陸上に固定してくれることである。IPCC（気候変動に関する政府間パネル）の 2001 年の報告書によると，化石燃料やセメント製造工場から排出された CO_2 は，1990 年代では炭素換算で年間 63 億トンであった。CO_2 排出量削減の有効な対策としては，省エネ，自然エネルギー利用，原子力利用などが挙げられる。これらは CO_2 の排出を削減する技術であるのに対し，植林は大気中にある CO_2 を樹木という形で陸上生態系に固定する技術である。京都議定書では，植林による炭素固定・削減が認められ注目を集めた。世界森林白書[3]では，炭素固定としての新規植林，再植林の可能性を紹介している。地球規模では 345 万 km^2 が対象面積と考えられ，今後 50 年間に，新規植林・再植林により 306 億トン，農業と植林とを共存させて行うアグロフォレストリーで 70 億トン，総計約 380 億トンもの炭素固定が可能であると推定している（図 1）。

　この白書中では砂漠での植林は対象地からは外されている。それは，砂漠では水が少なく，炭素固定するために木を生長させるには厳しい環境と考えられているからである。しかし，それは本当だろうか？　現在，西オーストラリア州レオノラ地域の年間降水量 200 mm 程度の半乾燥地で，大規模植林の可能性の検討が進められている。この地域では，土壌表層から 20～100 cm の深さに不透水層が存在し，水不足とともに植物成長を妨げる要因になっている。この

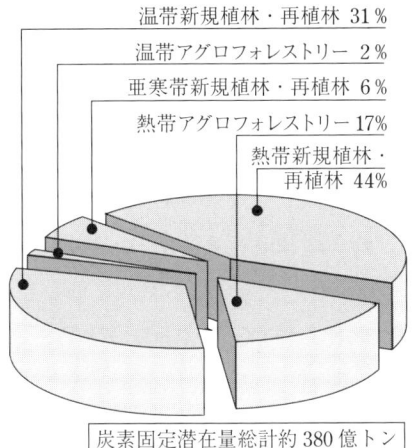

図1 新規植林・再植林およびアグロフォレストリーによる地球の炭素固定への潜在的貢献度（1995〜2050年）[3]

図2 西オーストラリア州レオノラ地域での乾燥地植林試験[1]

問題を解決するために，山田らは不透水層を破砕し，植栽木の根域を確保し，さらに土盛りによりバンク造成を行った[1]（図2）。この対策技術の導入により，西オーストラリア州の年間降水量200〜300 mmの地域では，30年間で12億トンのCO_2が固定可能であるとしている[2]。これは，1990年代での年間CO_2排出量の約20％に相当する。全世界の砂漠地での適用は難しいが，少なくとも場所に応じた対策技術の導入により植林が可能であることを示している。〔濱野〕

コメント 森林伐採から砂漠化への道を逆にたどることが大切であると考える。森林や樹木の減少が土壌水分の蒸発量を減少させる。その分が流出するなら，降水量が減少し，砂漠化を進行させるのは明らかだ。大規模な植林は降雨量の増加に寄与し，植生を豊かにする。〔小島〕

引用・参考文献
1) 山田興一ほか：乾燥地植林による炭素固定システムの構築，戦略創造研究「資源循環・エネルギーミニマム型システム技術」平成10年度採択課題最終報告，pp.355〜454，科学技術振興機構（2004）
2) 山田興一ほか：乾燥地植林による炭素固定システム構築，エネルギー・資源，Vol.26，No.6，pp.435〜441（2005）
3) FAO：State of the World's Forest 2002（世界森林白書）

CO_2・地球温暖化　05

人間の息には CO_2 が含まれる。だから人口増は温暖化を加速する?

　人間が呼吸により排出する CO_2 量は，一人当り1年間に約320 kgといわれている。日本の総人口は2006年現在で約1.28億人であるから，1年で約4千万トンの CO_2 が呼吸によって放出されている。一方，日本での暮らしを想定して電気やガスの使用，自家用車や廃棄物からの CO_2 排出量をまとめると，年間約6 500 kg／世帯である。例えば，1世帯4名で考えた場合，一人当りの年間排出量は1 625 kgとなる。つまり，人の呼吸により排出される CO_2 の量は，日本での生活を営む際に排出される量の1／5程度である。

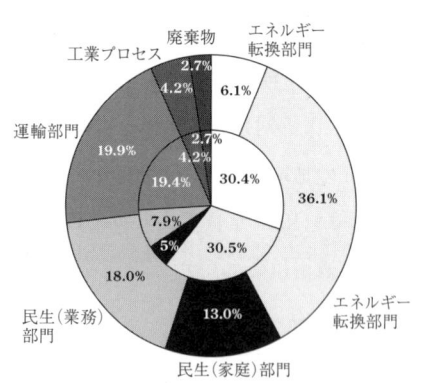

図1　わが国の部門別 CO_2 排出量の割合

　図1に2006年のわが国の部門別 CO_2 排出量の割合を示す。内側は各部門から直接排出される CO_2 量の割合で，外側は各部門で消費される電力量に応じて発電時の CO_2 排出量を上乗せした場合の割合である。

　なお，国内の CO_2 排出量のうち，家庭用エネルギー消費（民生（家庭）部門）は，家電機器の使用などによるものが最も多く，給湯，暖房，厨房，冷房の順になっている。

　また，日本国内での CO_2 排出量は，12.2億トンであることから，結局日本の場合には，日本で排出される CO_2 の約3％くらいが人間の息から出ていることになる。いかに現代社会では，化石燃料を燃やして自動車を走らせ，発電により得られた電気を使った便利な生活を送るために多くの CO_2 が排出されているか認識させられる。

　さて，それでは日本と世界人口を基に，年間どれほどの CO_2 が呼吸として

排出されているのか考えてみよう。全世界からは65億人から呼吸として大気中に放出されるCO_2量は20.8億トンとなる。一方，全世界では2005年には271億トンのCO_2が排出されたが（図2），このうち世界の人々の呼吸によって排出されたCO_2量は約8％である。地球温暖化対策としては人口抑制に比べ，工場，自動車，オフィスビルや家電製品などからの排出を抑制するほうが，日本では30倍，世界では12倍重要だということになる。

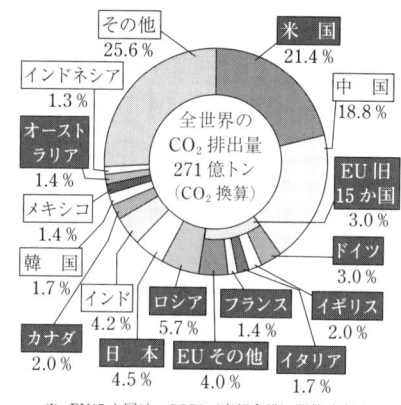

※ EU15か国は，COP3（京都会議）開催時点での加盟国数である。
※ 国名が白抜きになっていない国は京都議定書で削減が義務づけられていない。

国別排出量

図2 CO_2の国別排出量と国別一人当り排出量
〔環境省webページを元に作成〕

それよりなにより，人間の息にあるCO_2は，通常CO_2の排出とは見なさない。それは私たちが吐き出すCO_2は食物に含まれている炭素がCO_2になったものであり，その食物はもとはといえば農地などで植物が大気からCO_2を固定したものだからである。つまり人口が増加しても地球温暖化を加速させることはないのである。〔濱野〕

コメント 確かに人間の息から出るCO_2量はたかがしれている（とはいっても化石燃料から排出される量の数％ではあるが）し，原理的にはCO_2増にはならない。一方，木と違い人間が貯め込んでいる炭素量はわずかである（炭素として1億トンくらい）から，炭素収支には影響しない。しかし，ハウスもの，輸入品などなど，人間が食べて出すCO_2以上の量のCO_2が，それに付随する人間活動から排出されている。食糧生産のために森林を切り開くときにも，切り倒された木から非常に多くのCO_2が排出される。〔小島〕

CO₂・地球温暖化　06

京都議定書の発効で地球温暖化対策は進むの？

→関連：CO₂・地球温暖化 07, 08, 21 / 政策・雑学 01, 02, 06, 11

　京都議定書の目標が達成できるのであれば，最終的には答えは"はい"だろう。しかし，どんな状態が"地球温暖化対策が進む"というかによって見方は変わってくる。"地球温暖化対策が進む"ということが温室効果ガスの排出量が削減されるということであれば，まずはどれだけ排出量が削減されるか考えてみよう。先進国で50％以上の温室効果ガスの排出がある。目標ではその約5％（米国が批准していないので多少減少するが）は削減されるので先進国からの排出は削減で世界排出量の2.5％は削減できるだろう。

　しかしながら，京都議定書を批准していない中国やインドのようなCO_2排出大国や発展途上国からの排出量が増加してしまえば温室効果ガスの排出量は全体では削減されない。よって，世界全体で温室効果ガスの排出量の削減となると難しい。そうすると答えは"いいえ"となる。

　ではつぎに，"地球温暖化対策が進む"ということを，"新しい地球温暖化対策技術が確立する"という言葉に置き換えて考えてみよう。京都議定書に批准した国では，温室効果ガスを削減するための技術を確立しなければならないだろう。目標の5％削減は，人間活動を5％ほど自粛すれば達成できるが，現在のところ議論の方向性はそのようにはなっていない。現状と同じ人間活動を行うためには効率を上げていく必要があり，削減技術を確立する必要があるわけである。いずれ先進国で開発された技術は，発展途上国に移転されていくので，世界全体で地球温暖化対策が進むことになる。そして，技術が移転されることにより温室効果ガスの削減は発展途上国でも進むだろう。この効果のほうが直接的に各締約国で削減される量より将来的には多いと考えられる。また，京都議定書の発効により世界各国の国民の環境に対する意識が高くなり，温室効果ガスをはじめとする環境負荷に対して意識的に削減努力をすることも大きな効果といえる。

　京都議定書の発効によって，省エネ・エネルギー転換関連技術が向上するこ

とと，消費するわれわれ消費者の意識が変わることが真の地球温暖化対策といえる。ということでは，答えは"はい"である，と考えたい。〔田原〕

コメント COP3（気候変動枠組み条約第3回締約国会議）での合意内容（**表1**）の中では，1990年以降の植林によるCO_2吸収と途上国でのクリーン開発メカニズム（排出権のカウント）の二つに効果があると思われる。日本の削減目標マイナス6％のうち，3.7（〜3.9ともいわれている）％は森林でまかなおうとしている（**図1**）。しかし90年比ですでに5％増となっており，京都議定書の発効で地球温暖化対策が進んだかといわれると，実際には進んでいるとはいいがたい。それよりなにより，発効したのが2005年と思ったのもつかの間，すでに2008〜2012年の約束期間である。京都後がどうなるのか？ IPCCとゴアのノーベル平和賞受賞は朗報ではあるが，まだまだいばらの道だ。〔小島〕

表1 京都議定書における決定事項

温室効果ガスの種類	CO_2，メタン（×21），N_2O（×310），フロン類（HFC（×1300），PCF（×6500），SF6（×23900）
削減目標（先進国）	1990年比で各国ごとに目標を定め，上記温室効果ガスを2008〜2012年の間に削減。先進国全体で少なくとも5％削減する。ただしHCF，PCF，SF6の3種については基準年として1995年を選択可。
各国の削減率（先進国全体では5.2％減）	日本：6％減（しかし2004年時点で8％増）　カナダ：6％減 EU：8％減 米国（未批准）：7％減　　　　　　　　　オーストラリア（未批准）：8％減
そのほかの決定事項	京都メカニズム（共同実施，排出権取引，CDM（クリーン開発メカニズム）） 吸収源活動（1990年からの土地利用変化（植林など）による削減を認める）
発効時期	2005年2月（ロシア批准により）

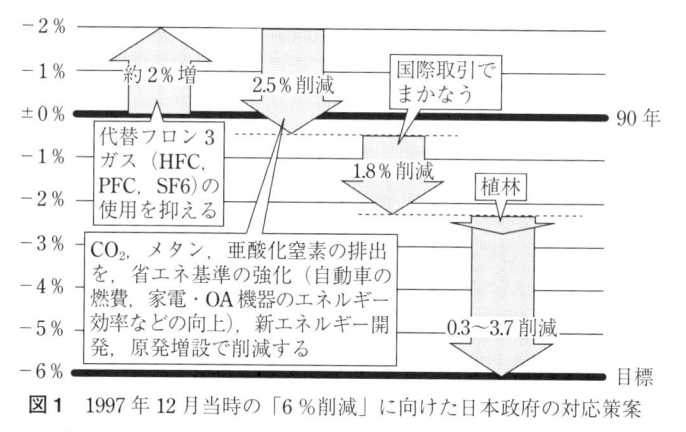

図1 1997年12月当時の「6％削減」に向けた日本政府の対応策案

CO₂・地球温暖化　07
発展途上国が参加しない京都議定書には意味がない?

→関連：CO₂・地球温暖化 06, 21 / 政策・雑学 01, 02, 06, 11

　京都議定書で温室効果ガスの排出量の削減が可能になるということ自体は，意味がある。しかし，京都議定書が本当に地球温暖化を防止できるかという点では若干問題がある。

　(CO₂・地球温暖化 05) の図2をここでも参照しながら話を進めよう。前述のように先進国から排出されている温室効果ガスを約5％削減するというのが京都議定書であるから，先進国が参加している京都議定書の目標が達成できれば，先進国が排出している総量の50％が47.5％に削減されるわけである。全体では2.5％の削減となることになる。あくまでも京都議定書が達成できればの話であるが，そのときには温室効果ガスは削減できていることになる。

　現状では発展途上国での温室効果ガス排出量は，80％の人口を抱えながらも50％に留まっている。しかし，いつまでもそのままの排出量で推移するわけではない。これから発展途上国の排出量が大きな問題になってくる。先進国と同様に削減をするべきだろうが，それは単に発展途上国に経済成長するな，生活レベルを上げるなといっていることになってしまう。先進国は20％の人口で50％の温室効果ガスを出しているので，発展途上国が人口当りそれと同じだけ排出するとしたら，人口がいまのままでも，排出量が2.5倍になってしまう。これからは，一人当りの温室効果ガス排出量を1/2.5にしていく必要があるわけである。環境効率を2.5倍に上げていく必要があるということである。〔田原〕

> **コメント1**　中国をはじめとする発展途上国でのCO_2排出量の伸びが大きい。国別排出量では，京都議定書未批准の米国21.4％，削減目標のない中国18.8％，インド4.2％の3か国合計で44.4％と，ほぼ全世界の半分近くを占める。人口はアジアで約6割であり，この発展途上国のエネルギー消費も大きく，これらの国の参加しない条約には意味があるとは思えない。〔小島〕

コメント2 CO_2排出量は，(人口)×(一人当りのGDP)×(GDP当りのエネルギー消費量(省エネ指標))×(エネルギー当りのCO_2排出量(低炭素エネルギー指標))で表されることは，掛けてみればわかるとおり自明ではある。図1を見て欲しい。人口とGDPとエネルギーとCO_2のそれぞれを，地域別に分配したものである。一見して，図(b)だけが特異的であることが理解できるだろう。このことは，技術はすぐに広がること，しかし，貧富の差は縮まらないことを示している。

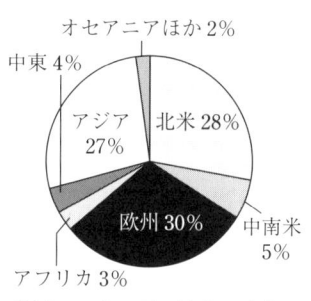

(a) 世界のエネルギー消費の地域別内訳(90億石油換算トン，2000年)

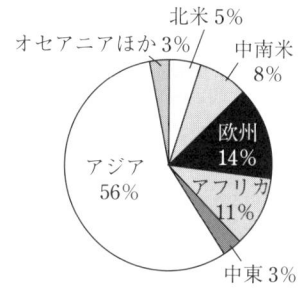

(b) 世界の人口の地域別内訳(60億人，2000年)

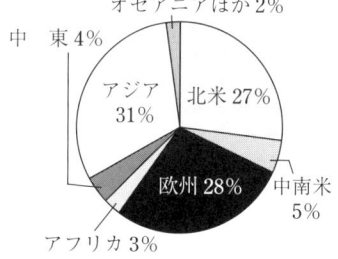

(c) 世界のCO_2排出量の地域別内訳(統計64億トン-C，2000年)

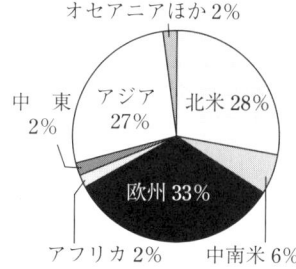

(d) 世界のGDPの地域別内訳(計34兆ドル，2000年)

図1 世界の人口とお金とエネルギーとCO_2[1]

もう一つ気になることは，国内対策でいえば，省エネ指標にはエネルギー多消費型産業の発展途上国への移転も含まれるという点である。移転をした結果，省エネが進まなくなり地球全体としてはCO_2排出量が増えるのではないかという恐れである。が，この図はそれは大したことではない，ともいっている。〔小島〕

引用・参考文献

1) 小島紀徳：エネルギー，日本評論社(2003)

CO₂・地球温暖化　08

CO_2の排出を5％減らせたら，いったいなにが起るの？

→ 関連：CO_2・地球温暖化 06, 07 ／ 政策・雑学 01, 02, 06, 11

　ちょっと無理かもしれないが，毎年全世界でCO_2排出量を前年度より5％削減ができたらどうなるだろう。10年後には$0.95 \times 0.95 \times \cdots \times 0.95$で，つまり，基準年に対して0.95の10乗の約0.6倍（60％の排出量）になるわけである。排出量は20年で36％，50年で7％になっているはずである。これは机上の計算で，達成は難しいだろうが，美しい星50（2050年までにCO_2排出量を50％まで減らすとの安倍首相のときになされた日本からの提案）くらいなら可能に思われてくる。本当は地球温暖化対策をこのペースで行っていかなければならないのだが。

　では，5％削減できたらなにが起るのだろうか？　おそらくわれわれにはなにも変わらないと感じるだろう。というか変わったことに気がつかないだろう。なぜなら，温暖化の現象自体，大気中の温室効果ガスの濃度増加傾向は確認できるものの，5％程度では影響に気づくわけでもないからである。また，地球温暖化現象はとても複雑であり，ほかの気象条件にも影響してくるからである。今年暖冬だからといって地球温暖化が急激に進んだわけではなく，なかなか影響が明らかになることは難しいことなのである。逆にいえば地球温暖化も，CO_2濃度が産業革命前の280 ppmから現在の380 ppmまで4割近くも増えて，ようやく影響"らしき"ものが見えてきただけなのだから。

　一方，5％の排出量を定量的に考えてみると，どの程度の量なのだろうか。図1に示すように，地球大気には炭素換算で約762 Pg（$Pg = 10^{15} g = 10^9$トン，Pは「ペタ」と読む）のCO_2が含まれている（以後，炭素換算重量で表記）。石炭や石油の掘削量，流通量などから求めた近年の産業活動による排出量は6.4 Pg／年，そして森林の大規模伐採による排出量は1.6 Pg／年と見積もられている。これに対し大気中CO_2の増加量は，8.0 Pgのうち一部は植物か海のどこかに蓄えられると考えられているので，3.2 Pg／年となる。年間で排出され

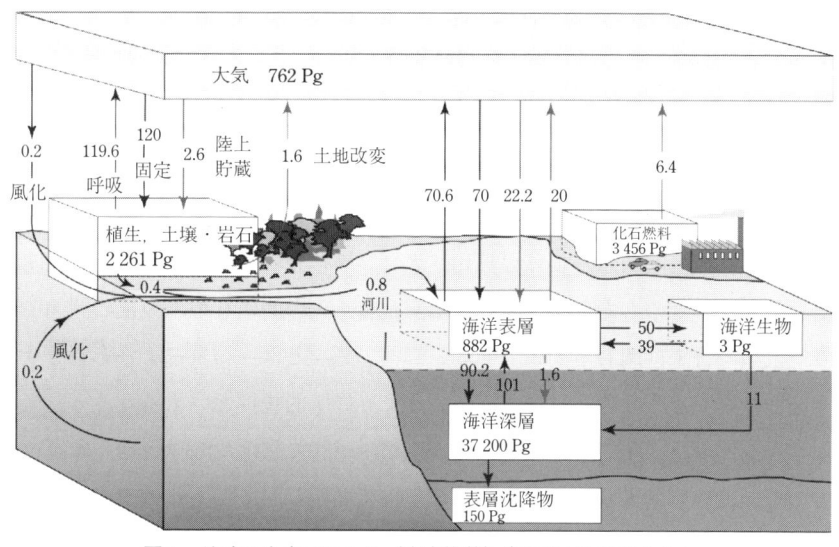

図1 地球の炭素バランス（炭素換算）〔IPCC4次報告より〕

ている 8.0 Pg の 5 ％は 0.4 Pg であり，その量が削減された場合，大気中に残留する，つまり大気中の CO_2 増加量が植物か海のどこかに蓄えられる量と同様な率と考えると，5 ％の削減になり，3.04 Pg になる。これは，0.16 Pg の削減ということになる。大気中の 762 Pg に比べると 0.02 ％に相当する。

CO_2 の増加は産業革命以降 200 年以上続いてきた。年間 5 ％の削減は排出してきた量とも比較してみると，とても少量ということになる。冒頭に書いたように，机上の空論となるのだろうが，毎年 5 ％ずつ削減していくことが必要なのかもしれない。〔田原〕

コメント 人類は化学燃料が地球に蓄積されてきた数億年のその 1 / 100 万の年月，たった数百年でこれを使い果たそうとしている。5 ％削減はエネルギーの大量消費や太陽の利用について見直すきっかけとなって欲しいし，実際さまざまな技術が総動員されれば 50％削減も夢ではない。そのような社会を"是"とする社会や政策が必要なのだ。〔小島〕

CO_2・地球温暖化問題は，ほかの環境問題に比べれば大した問題ではない？

　まずは，環境問題の影響する規模を明確にしておこう。明らかに地球規模で影響のある環境問題は，地球温暖化，オゾン層の破壊が考えられる。環境問題とはいえないものもあるが，資源枯渇，食糧，人口問題も地球規模の問題であり，人類の将来に関わる問題である。毒性影響などは，物質により影響を及ぼす範囲は異なるものの，地球規模というより局所的規模といえるだろう。光化学オキシダント，酸性化（酸性雨と酸性霧），富栄養化，海洋汚染，砂漠化などの影響は局所的より少し広めの地域規模の問題として捉えればよいだろう。

　さてこれらの重要性をどう相対的に評価するか。まずは，影響を及ぼす規模によって大した問題かそうでないか感覚的に捉えることになろう。逆に身近であるかないかも影響する。例えば，近くの湖沼で富栄養化の問題が起っていたらどうするだろう。富栄養化を防ぐにはエネルギーを使って対策を行わなければならないとすると，当然地球温暖化の問題は地球規模で影響があるわけであるから自らにも影響がある。富栄養化の解決とCO_2の排出削減のどちらが重要か考えないといけなくなる。実際は，まずは近くの湖沼の富栄養化を防止する必要があると思う人が多いだろう。すぐそばの湖で魚の死骸が上がっているとすればその気持ちはよくわかる。一方，地球温暖化は特に気温が上昇したことを実感できるわけではない。統計的処理をして初めて，この数年の気温が"異常に"高いのか，最近台風やハリケーンが"異常に"頻発しているのかが"推定"されるだけである。また自らCO_2を削減したからといって目に見える効果も期待できない。

　しかし，図1のように環境問題の関心を聞いたアンケート結果を見てみると，地球温暖化が一番関心を持たれている。日本では大した問題ということになるのだろうか。地球温暖化は海に囲まれている日本や，海面より低い土地が多いオランダなどでは関心が高いであるが，ロシアなどではそうでもないともいわ

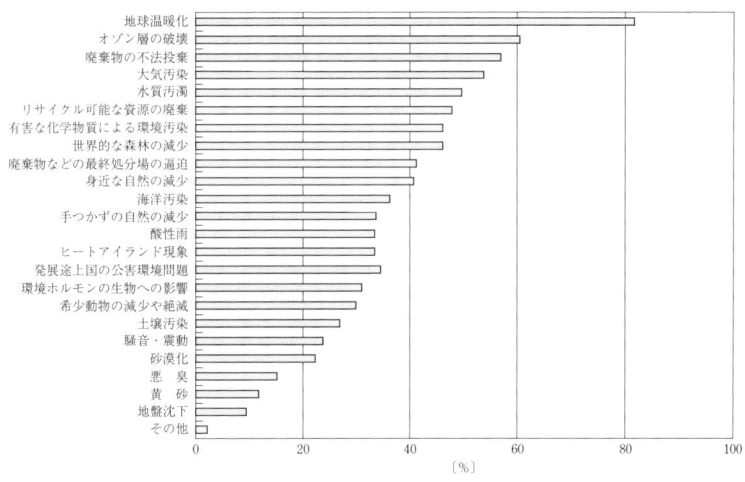

図1 環境問題の関心を聞いたアンケート結果[1]

れている。住んでいる場所が変われば考え方も違ってくるので，どの環境問題が重要だといい切ることはできない。科学的にどの環境問題が重要であるといえるようになるとよいのだろう。私も含め，この本の関係者は皆，地球温暖化の問題は重要だと思っているようであるが。〔田原〕

コメント1　CO_2 を中心とした温室効果ガス削減と回収は数百年先を考え，地球規模で考えていくべきだろう。この問題は地球温暖化対策だけでなく，その根本にはエネルギー資源問題が横たわる。特にさまざまな環境問題が，エネルギーをかけることにより解決してきたという図式を考えるのなら。〔小島〕

コメント2　地球温暖化に限らず，さまざまな環境問題が複雑に絡まり合っているのがいまの社会である。例えば途上国での人口増加が熱帯や半乾燥地での食糧生産圧力となり，それが森林伐採や砂漠化の原因となり，そして生態系破壊，種の多様性損傷や地球温暖化の原因ともなる。公害問題のように訴訟と技術では解決できない。人類としての先進国と途上国との対話と，持続可能な社会に向けた新しいシステムづくりが問われている。〔小島〕

引用・参考文献

1) 環境省：「環境にやさしいライフスタイル実態調査」国民調査の結果（平成15年度調査）

CO_2 濃度が上がったから暖かくなった？
（いや太陽の影響が大きい？）

→関連：CO_2・地球温暖化 05, 16

　図1を見てみよう。気温は1950年からの50年でおよそ0.6℃上昇し、CO_2濃度はおよそ60 ppm上昇している。それぞれの上昇に相関があるように見える。あるいは相関があるようにグラフの縮尺を変えているようにも見える。平均気温はその年によってばらつきがあるように見える。平均気温は前年度と最大でも0.3℃の差しかないので、0.6℃の上昇は明らかに上昇していることとしてもよい。またCO_2濃度も明らかに年々上昇している。つまり、気温とCO_2濃度はたがいに上昇しているとしてもよさそうだ。つぎに40万年前からの**図2**を見てみよう。ここでも両者の相関はもっと明らかだ。

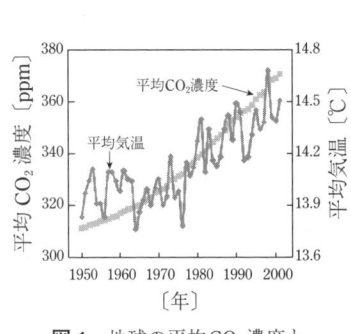

図1　地球の平均CO_2濃度と平均気温の関係

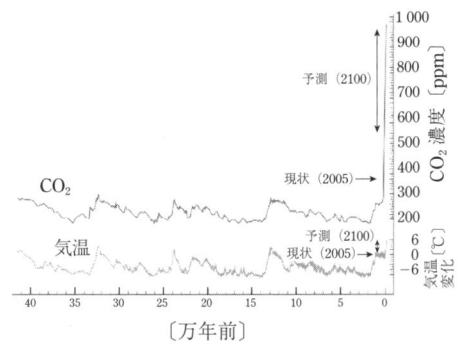

図2　過去42万年前からのCO_2濃度と気温の傾向と今後100年の予測

　一方、太陽の活動が観測されるようになった1750年以降の黒点など太陽磁気の変動サイクルは、地球の平均気温の変化ととてもよく似た動きをしていることが知られており、地球の気温上昇の最大の原因はCO_2の増加によるものではなく、太陽自身の変化によるものである可能性が強いともいわれている。また、過去3000年間の平均気温を調べると、現在よりも温度が高かった時期が5回あり、いまは300年前に起きた非常に小さな氷河期が終わって、その後

の温度上昇期にあるともいわれている。

　さて本当はどうなのであろうか？　現在の気温上昇がすべて温室効果ガスの原因ではないのかもしれないが，CO_2 は確かに温室効果ガスであり，気温を上昇させている可能性は高いと思える。したがって，「間違いなく温室効果ガス排出が最近の異常気象や気温上昇の原因であると 100％論理的に明確になるまでの間は過激な地球環境派には惑わされないようにしよう，そして景気に影響するようは対策を講じない」（どこかの大統領がつい最近までいっていたように）というわけにはいかないのである。人為的に温室効果ガスの排出量が多くなったこと，そしてそれが異常気象や気温上昇，ひいては災害や海面上昇，氷河崩壊，生態系の破壊の原因となっていることは，かりにそれが不都合であっても，これを真実として受け入れざるを得ない，ということである。〔田原〕

> **コメント1**　まず地球温暖化の原因となるガスは温室効果ガスである。そして地球の温室効果に最も寄与しているガスは，水蒸気である。一方，水蒸気は人為的に増えたとはいい難い。その一方で水蒸気はいずれ雲となり最後には降水となって地球に戻る。雲は太陽光を遮り，地球を冷やす。地球の温度が上がったときに（災害や食糧生産に影響する）降雨パターンがどう変わるかの予測も難しい。しかしそれでも 100％正確な情報を待つわけにはいかないのだ。〔小島〕

> **コメント2**　図2を見て読者は奇異に感じないだろうか？　CO_2 濃度と地球の気温とが，これまでこれほどぴったりと同期しているのに，予測部分では CO2 濃度上昇に比べて気温の上昇予測があまりに小さすぎないか？　もちろん気温に影響が出るまで時間がかかるという理由もある。この図の過去の大部分では地球に降り注ぐ太陽光の変化が気温に影響し，気温が上がると CO_2 濃度が上がったとしてよい。理由は簡単である。気温が上がると CO_2 の，海水への溶解度が減るからである。じつはメタンも同様の挙動を示す。その一方，CO_2 濃度が上がると"若干"ではあるが地球の気温を上昇させるとの影響もあるが，気温が CO_2 濃度に与える影響の数十分の1以下ではあり，その影響がほとんど見られなかった。しかし近年，あるいは将来は人類が使用する化石燃料量が急激に増大し，その結果 CO_2 濃度の増大はあまりにも大きく速くなり，結局気温の上昇も歴史上まれなほど速くなると予測されるのである。〔小島〕

CO₂・地球温暖化　11

CO_2 はリサイクルすべき？

→ 関連：CO₂・地球温暖化 18／ごみ・リサイクル 10

　世はリサイクルばやりである。よって CO_2 も"貴重な資源"としてリサイクルすべきである。これは本当か？　CO_2 のリサイクルとは，CO_2 を原料にして，化学的に炭素やプラスチックやメタンガスに変換することによって，CO_2 の排出量を減らそうということである。

　結論は，そのことを目的とするなら"すべきではない"である。例えばメタン（CH_4）を燃焼させると CO_2 と水ができる。化学式では，$CH_4 + 2O_2 \rightarrow CO_2 + 2H_2O$ となるわけであるが，この反応は発熱反応であり，890 kJ の熱量を得ることができる。化石燃料を使用して CO_2 を排出する理由は，この熱をエネルギーとして利用したいからである。自分の持っているエネルギーのことをエンタルピー（H）というが，メタンから CO_2 へ反応した場合，図1に示すようにエンタルピーが低下する。この分がエネルギーとして外部に取り出される。逆に CO_2 からメタンへ反応させるためには少なくとも発熱した熱量を加える必要がある。つまり，熱損失を考えると，燃焼によって得られた熱量以上のエネルギーが必要ということになる。化石燃料でそれをまかなおうとしようとすると，リサイクルするためにそれ以上の化石燃料が必要になるから，すべきではないのである。

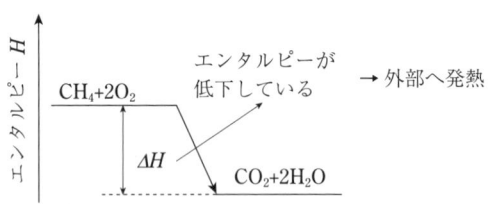

図1　メタン燃焼時のエンタルピー変化

　しかしながら，このリサイクルするためのエネルギーに化石燃料を使用しなければ温暖化対策にはなる。現状では化石燃料以外のエネルギーが使用されず

に余っていることはないので,実際のところリサイクルは無理だろう。もし余っているのであれば,その分はメタンを燃やす必要がなくなるはずである。

　将来,再生可能エネルギーの豊富なところで,再生可能エネルギーとCO_2と水からメタンガスや液体燃料を製造して,必要なところへ運んでからそれを使う時代がくれば,リサイクルは可能という。

　一方,生物的な反応を使用してリサイクルを行うことは"すべき"だろう。植物を使用してリサイクルすること,つまり,人為的に植林をして,それをバイオマス発電や液体燃料へ変換して使用することは,CO_2のリサイクルと考えることができる。植物の光合成を利用し,化石燃料を使用せずにエンタルピーを増大（CO_2のリサイクル）させることができる。しかし,植林の実施に際して多くの化石燃料を使用しては意味がない。十分に評価を行い注意深く実施する必要があることを付記しておく。〔田原〕

> **コメント1**　CO_2を,空気中の燃焼反応にほとんど関らない窒素ガスから分離するのにはエネルギーが必要である。その分離したCO_2から大気と混合しない物質である有機物を作ることがリサイクルとなる。しかし,このためのエネルギーが必要となる。このように多くのエネルギーを消費してまでCO_2をリサイクルすべきでないと考える。〔小島〕

> **コメント2**　余ったエネルギーを運ぶ際にCO_2を使用するとすれば,CO_2のリサイクルのように見えるかもしれない。しかし,それは見かけのリサイクルである。CO_2はエネルギーを運ぶ媒体として使われているだけだ。CO_2以外にもエネルギーを運ぶ媒体はある。生物によるCO_2利用にしても同様だ。CO_2をリサイクルすることを目的としてはいけない。エネルギーを効率よく運んだり,使っていない太陽のエネルギーを転換して木の形で貯めるための炭素源としてCO_2が使われているだけである。そのようなエネルギー利用プロセスを構築するために,CO_2がふさわしいなら使ってもよいが,本当にCO_2が最もふさわしい「役者」かどうかを検討する必要がある。〔小島〕

CO₂・地球温暖化　12

CO$_2$を固定してきたのはサンゴか木か？
そしてサンゴはいまも？

→ 関連：CO$_2$・地球温暖化 01, 13, 14, 18

　サンゴの硬い部分は，貝殻と同じ炭酸カルシウム（CaCO$_3$）からできている。石灰石は炭酸カルシウムからできている。その中にある炭酸は，確かに大気中から固定されたものである。もともと地球ができたころには，地球の大気の組成はほぼ100％のCO$_2$で，さらにその圧力は60気圧もあったといわれる。それが産業革命以前のころには，0.03％しかCO$_2$は含まれなくなっていたのだから，1/20万の濃度となったわけである。この大部分が海の中での石灰化により固定されたのであり，サンゴあるいは貝殻などができるプロセスはこの一部である。

　いや，木がCO$_2$を吸収していたのではないのか？　そして石炭は木からできたのではないのか？　これに対する答えは，かりに化石燃料を使い続けても，CO$_2$濃度は，正確にはわからないけれど"せいぜい"100倍程度になる"だけ"である。だから木が吸収したCO$_2$はほんの一部に過ぎない。そもそも，地球の歴史四十数億年のうち，樹木が存在したのは最近の1/10だけなのだ。

　さて，サンゴは海水に溶けているカルシウムイオン（Ca^{2+}）と炭酸水素イオン（HCO$_3^-$）から，炭酸カルシウムを作っており，サンゴを育成して増やせば，CO$_2$が"海水に解けた状態"の炭酸水素イオンが炭酸カルシウムとして固定されることになる。その化学反応式はつぎのようになる。

$$Ca^{2+} + 2HCO_3^- \rightarrow CaCO_3 + CO_2 + H_2O$$

　しかし，二つの炭酸水素イオンのうち，一つは炭酸カルシウムとして固定されているが，サンゴは炭酸カルシウムを作るときに，CO$_2$も出してしまっている。大気から海に溶け込んだCO$_2$のうち，半分は放出されていることになる。地球温暖化対策として短期間にサンゴを大量に増殖させたら，逆にCO$_2$の発生源になりかねないわけである。

　ただし，サンゴにはほかの効果も期待できる。サンゴ礁は，海の生態系にとっ

て"熱帯雨林"のような存在だということである。つまりサンゴ礁は，たくさんの生き物が集まり，光合成も活発になされるので，ほかの海域に比べて"生物の密度"が高いのである。だから，サンゴ以外の"生物体"としても，CO_2が固定される。また，サンゴは，少ない栄養（リンや窒素）で育ち，有機物を生産することができるという利点も兼ね備えている。この生産された有機物が深海に運ばれれば（例えばマリンスノーという形で運ばれることが知られている），少ない栄養分しか含まない有機物が隔離され，明らかにCO_2の固定になる。

　サンゴの育成が，温暖化対策にとって本当に有効かどうかについては，まだ明確になっていないというのが正直なところだろう。サンゴは，共生させている植物プランクトンを通して，窒素も固定している。これは"貧栄養状態"の海洋にとって，その役割はとても大きいと思われる。そしてまた，地球の多様な生態系を，できる限り守らなければならないのは当然だろう。少なくとも，サンゴ礁を壊滅してよいわけはない。〔田原〕

> **コメント1**　森林と異なり生体としての炭素保持量は海水中では非常に少ない。よって"生物体"による固定は期待できない。〔小島〕

> **コメント2**　本文中の式（石灰化という）で，CO_2が放出されるのは，石灰化の進行により強いアルカリであるカルシウムイオンが消費されて水が酸性化するためである。したがって，放出された弱い酸であるCO_2が海に再び溶けることはなく，結局この反応は長期的にもCO_2の放出となる。そして酸性化がどんどん進むと，ついには石灰化も起らなくなってしまう。しかし，この反応が起る以上に陸上からカルシウムイオンが供給されるならば，酸性化は防ぐことができ，石灰化反応が進む。そしてその反応こそCO_2が大気中から固定される反応なのである。その反応はつぎの式で表される風化反応である。アルカリ性の岩石の風化反応と石灰化が両方組合わさることにより，ようやく，ケイ酸塩（あるいはアルミン酸塩）から炭酸塩への転換すなわちCO_2の固定が行われることになるのである。サンゴは，せっかく大気から風化により吸収した二つのCO_2のうちの一つを，大気に返す役割をしているのだ。ただし，それはほかの貝などの動物も含め，大きな地球の流れと循環の中でそれぞれの働きをしているだけなのだ。〔小島〕
>
> $$CaSiO_3 + 2CO_2 + H_2O \rightarrow Ca^{2+} + SiO_2 + 2HCO_3^-$$

CO₂・地球温暖化 13

木造住宅でCO₂の固定を？

→ 関連：CO₂・地球温暖化 12

住宅に使用する木材を伐採した後，再植林をすることがもちろん前提であろう。そうでなければ木造住宅で固定という話になるわけがない。木材という形でどれだけのCO_2が固定されているかを計算してみよう。

木材の乾燥重量の約半分が炭素と考えることができ，乾燥した木材 1 kg には約 1.8 kg のCO_2が固定されている（木材 1 kg の半分が炭素として，それをCO_2に換算すると，0.5 kg × 44 / 12 ≒ 1.83 kg となる）。つぎに，住宅としてどれだけの木材が使用されているかというと，**図1**のように木造住宅では 21 %，非木造住宅では 1.4 % となっている。単位面積当りそれぞれ 105 kg と 34 kg の木材を使用していることとなる（**表1**）。これらにそれぞれの現状の床面積を乗ずると 3.5 億トンの木材が住宅に使用されていることになる。したがって，6.4 億トンのCO_2が固定されていることとなる。

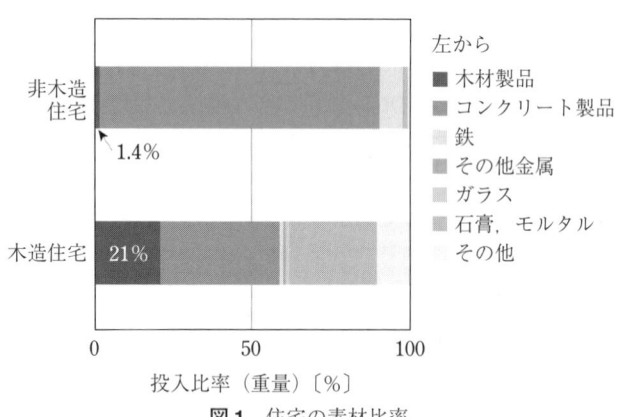

図1 住宅の素材比率

もし，非木造住宅をすべて木造住宅に替えたら，約 7.5 億トンの固定量となり，約 1.1 億トンの新たな固定につながる。逆に木造住宅を非木造にすべて代えたら，約 2.4 億トンの固定量になってしまう。その量は，日本の年間CO_2排出量

表1 住宅に使用されている木材の重量

構　造	延面積 $[\times 10^6 \text{ m}^2]$	投入材料量 $[\text{kg}/\text{m}^2]$	面積当りの木材の重量 $[\text{kg}/\text{m}^2]$	推定木材総使用量 〔千トン〕	推定 CO_2 固定量 〔千トン〕
木造住宅	3 079	498	104.58	321 955	579 518
非木造住宅	924	2 402.6	33.6	31 062	55 911
合　計	4 003			353 016	635 429
すべて木造住宅にした場合	4 003	498	104.58	418 634	753 542
すべて非木造住宅にした場合	4 003	2 402.6	33.6	134 501	242 102

約13億トンと比較すると無視できる量ではないだろう。

　これまでの数多くの文明が，れんが造りの家を建て，そのれんがを作るために森林を伐採し，それが環境の悪化を招いてきたといわれている。四大文明しかり，あるいはギリシャなどでも同様のことがあったといわれる。地震が多く，建替え，修復がいつも必要であり，建築物の長期間利用が困難，という理由もあっただろうが，日本の木造建築は環境面でも捨てたものではない。
〔田原〕

コメント　非木造住宅の寿命が10年程度なら木造住宅化による日本のCO_2削減の効果は大きいが，実際には30年を越える寿命がある。建替えで発生する建設廃棄物，特に，コンクリートガラ，廃木材をいかに効果的に処理するのかが課題と考えられる。

　日本はすでに75％が木造住宅ではあるが，残りの非木造住宅を木造化することによるCO_2の固定化は約1.1億トンであるのは驚きである。確かに大きな寄与はあるとはいうものの，現状の熱帯林破壊が進んでいる状況を考えると，輸入材を用いて木造住宅に置き換える，との対策は早急に進めるべきものとは思えない。しかしその一方で，日本の森林が，そこからの木材の切り出しに人件費がかかりすぎ，放置されている，また適度な材齢の樹木があり，その切り出しに伴う森林整備により，さらに豊かな（面積当りの炭素固定量の増大）森林構築が可能となるという状況を考えると，木造住宅も見直されてしかるべきだろう。

　なお，現在でもほとんどの廃材は燃料として有効活用されているが，寿命が短い木造住宅では，再利用とエネルギー利用の効率化も必要である。〔小島〕

CO$_2$・地球温暖化　14

海はCO$_2$の吸収源？

→ 関連：CO$_2$・地球温暖化 01, 02, 15

　確かに現在海は大きなCO$_2$の吸収源となっている。海中に溶存しているCO$_2$の量は，大気中のおよそ50倍である。化石燃料などから排出されるCO$_2$の35％以上を，海が吸収していると見られている（推定値）。地球の表面積の約70％を占め，13億km^{3}以上の体積を持つ海洋は，大きなCO$_2$吸収能力を持ち，吸収源として大きな働きをしている。海がCO$_2$を吸収するおもな仕組みとして，"海水の物理的吸収"，"生物的吸収"，"海洋大循環"の三つが考えられ，相互に影響している。

　海水の物理的性質による吸収は，"溶解ポンプ"とも呼ばれ，大気中のCO$_2$が海面で海水に溶け込むことである。大気と海は，つねにCO$_2$のやり取りを行っている。大気と接している海面で，大気から海水へ，海水から大気へCO$_2$が移動することで平衡を保とうとしている。強い風の影響などで海が荒れているほうがCO$_2$は混ざりやすく，そのやり取りも大きくなる。さらに，水温が低いほど，CO$_2$の溶解度は高くなり，吸収は促進される。そのため，一般に水温の低い高緯度海域ではよく吸収され，赤道周辺のように海水温の高い低緯度海域では放出されやすくなっている。なおCO$_2$は酸であり，これが溶け込むことにより海は酸性化するため，大気と平衡になるまで吸収したとしても，大気の50倍も吸収できるわけではなく，数倍に過ぎない。しかしそれでも，たった35％しか海が吸収できない理由はなんだろう？　それは海は非常に浅い海面と深層水とが混ざりにくいからである。つまり，35％は表層の50〜100m程度の浅海で吸収されているのである。

　つぎに生物的吸収は，"生物ポンプ"とも呼ばれ，海水中で植物プランクトンが海水に含まれる窒素やリンなどの栄養塩を使って光合成を行い，有機物を作ってCO$_2$を吸収している。海洋表層で植物プランクトンが活発に活動すれば，光合成でCO$_2$を消費するため海中のCO$_2$の平衡が動き，その分だけCO$_2$を大気か

ら溶け込みやすくなる。また，植物プランクトンは，海中の生物の食物となり，やがてはマリンスノーのように有機物の粒子として中深層へと運ばれていく。もちろん，こうして深海へと運ばれた有機物は，そのほとんどが分解され CO_2 となり，深海の高圧の下で海の水に溶け込む。しかし，いずれは，湧昇流などによって再び表層に押し上げられ，大気中に放出されることになる。海はよく貧栄養状態下にあるといわれる（赤潮や青潮などは非常に局所的な問題である）。したがって海の中の有機物を増やすには，栄養塩を与えればよいことになる。

　最後の海洋大循環は，いわゆる海洋中の大きな流れであり，1000年オーダーで表層の海水を深層に運ぶ働きによって吸収している。北大西洋（グリーンランド付近）で沈み込んだ冷たく密度が高い海水が，深層海流として大西洋を南下し，南極周辺で変質を受け，さらにインド洋・太平洋を北上しながら浮上して表層の海水と混ざり合い，やがて再び北大西洋へ戻っていくというものである。初めに述べたように，海は，太陽に暖められる表層は温かいが深層は冷たく，そのため密度差によって上下方向に混ざりにくい性質を持っている。海洋大循環は，まさにベルトコンベアとしてこれを混ぜる役割（鉛直混合）を果たし，表層で吸収された CO_2 を深層へと運んでいく現象である。

　以上のように海は CO_2 の大きな吸収源といえる。しかし，海が CO_2 を吸収する最も大きな理由は，大気中の CO_2 が増えたために，大気だけではなく海にも CO_2 が溶け込むようになったからだ。産業革命以前には，海はほとんど CO_2 を吸うことはなかった。海は"自然に" CO_2 を吸収しているのだからそれを加速する技術を開発すればよいという議論には危険がある。大気で温暖化が起ったように，海でもなにが起るかはわからない。〔田原〕

コメント　海洋微生物を増やせば生物への炭素固定が増大し，固定化した有機物は深海にて分解し，深海に酸素不足をもたらす。ほかの環境面の問題も考えなければならない。確かに海は，自然の中での大きな CO_2 の吸収源であり，これを将来 CO_2 問題対策の切り札として使わない手はない。しかし，海洋はその流れや海中の微生物の役目など，複雑なパズル構造をした自然生態系である。慎重にも慎重を重ねる必要がある。〔小島〕

CO₂・地球温暖化　15

深層水汲上げにより，地球は冷やせるの？
CO₂は吸収されるの？

➡ 関連：CO₂・地球温暖化 14, 18

　海水は表層水と深層水に分けられ，表層水の温度は季節によりかなり変化があるが，図1に示すように深層水の温度は低く，およそ5℃程度で1年中一定である。この5℃程度の海水を汲み上げ，海洋表層にもってくれば，これにより大気も冷やされる。したがって，前者の問いに対する答えは"はい"である。しかし，問題がいくつかある。

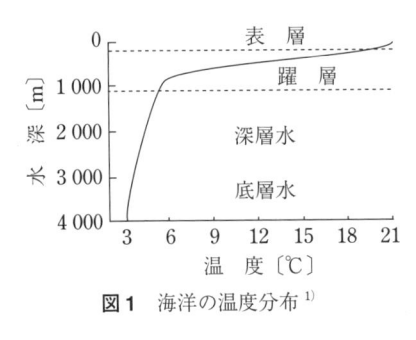

図1 海洋の温度分布[1]

　まず地球温暖化対策として考えるなら，膨大な量の海水を汲み上げる必要があり，ほかの環境への影響が懸念される。発電所の温排水程度の温度差でも海洋の環境が変わっていることを考えるとそれ以上の影響が出てくるだろう。対策を実施するには，海洋環境に影響が少ないと思われる陸地から離れた場所で汲み上げるしかない。そうした場合は洋上で汲み上げることになると思われるし，技術的にもコスト的にも難しい対策になると考えられる。また，どれほどの汲み上げによりどれほどの気温低下が期待できるのか，予想は難しい。

　つぎの問題は汲み上げるときのエネルギーである。深層水は冷たく密度が高い。一方表層水は暖かく密度が低い。深層水を汲み上げるということはその分軽い表層水が沈むことになる。その分の位置エネルギー差はポンプで与えることになる。ポンプは電気で動く。電気を作るには通常化石燃料を使うことになり，CO₂が排出される。すると地球温暖化が加速される―？

　つぎにCO₂が吸収されるかであるが，それも"はい"である。深層水は表層水よりも栄養塩に富み，これを汲み上げるとそれを栄養として植物プランクトンが増殖し，CO₂の固定が促進される。一方，深層水は表層水に比べ無機炭

酸の濃度が高く，これを汲み上げることにより大気へ CO_2 が放出されることも懸念される。深層水の無機炭酸濃度が表層水より高いわけには，深層における植物プランクトンの分解に起因しているからだという仮定がある。この仮定に従えば，深層水の汲み上げによる CO_2 の放出は，表層での植物プランクトンの増殖による固定量と一致し，キャンセルされるということになる。

一方，深層と表層との交換は非常に遅く，1 000 〜 2 000 年のオーダーであるといわれている。深層水の生物起源による無機炭素の濃度増加分を補正した後の無機炭素の濃度は，1 000 〜 2 000 年以前の大気と平衡であったと考えられ，現在の CO_2 濃度と平衡に至っていないので，深層水汲上げにより物理的吸収量の増大が見込まれることになる。〔田原〕

コメント1 深層水を汲み上げると，その深層水は暖められることになる。すると，密度が小さくなり，体積が膨張する。結局海面上昇が加速される。かりに地球の温度上昇がこの対策によって軽減されたとしても，地球温暖化による悪影響のうちの一つである海面上昇が加速されたのではなににもならない。〔小島〕

コメント2 深層水を汲み上げ，地球表面の温度が下がれば，地球から宇宙に向かう赤外線による放射量が減る。その分宇宙に逃げるエネルギーは減る。一方，太陽から地球に入ってくるエネルギーの量は変わらない，としてよいだろう。となれば，地球表面の温度を強制的に下げても，結局は地球表面の温度は，両者が釣り合うまで上がり続けることになる。結局のところ，地球を冷やすという対策は，太陽から入ってくるエネルギー量が変わらない限り，また温室効果に変化がない限り，長期的には意味がないということである。〔小島〕

コメント3 深層水を汲み上げれば，冷熱源が発生する。暖かい表層水との温度差を使えば発電ができる。海洋温度差発電という。この再生可能エネルギーを使うことで，CO_2 の発生を減らせるので，根本的対策にはなるし，これまで指摘されたすべての問題は生じない。ただし，まだ先の技術ではあるが。〔小島〕

引用・参考文献
1) 小島紀徳：二酸化炭素 問題ウソとホント，アグネ承風社（1994）

CO_2・地球温暖化　16

CO_2 は地球温暖化の元凶？
CO_2 放出の主因は，化石燃料？

→ 関連：CO_2・地球温暖化 05, 10, 20

　図1のようにわが国では地球温暖化の原因物質では CO_2 が95％を占めており，元凶といえるだろう。ただし，これは図3（a）にあるように産業革命以降の値で見ると，その寄与は若干減ってくる。さらに，人為的な効果により増大減少したとは考えにくい水蒸気の2次的寄与も無視できず，このような点から，CO_2 のみの寄与を明確な数字で示すことは難しい。その一方，この50年の間に急激な勢いで大気中濃度が増大したフロンについては，その排出は，モ

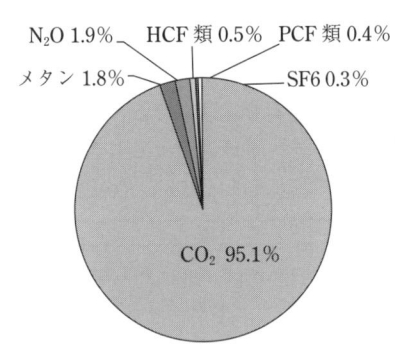

図1　わが国の地球温暖化の原因物質の排出量内訳

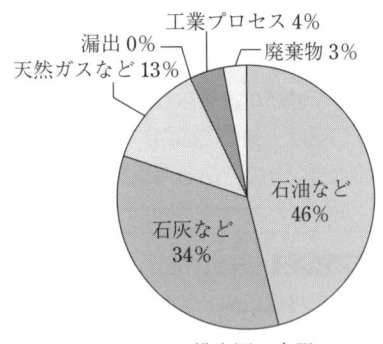

図2　CO_2 の排出源の内訳

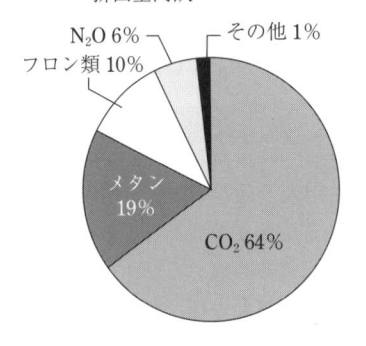

（a）産業革命以降の温室効果ガスの寄与

（b）森林破壊による寄与

図3　地球温暖化の原因物質とその寄与 [1], [2]

ントリオール議定書の発効により，ほとんど押さえ込まれている。また代替フロンやメタンは今後その排出を減らすべく，技術的に回収分解するあるいは燃やしてエネルギー回収するなどの方策が必要となるが，人類が意志と技術とそしてエネルギー（まさに言葉どおりのエネルギーである。よってCO_2は排出される）を投入するならば，実現は可能である。しかしCO_2は，最後まで逃げおおす可能性が高い，元凶なのである。

つぎにわが国でのCO_2は石油，石炭，天然ガスの使用に伴う排出が9割以上である（図2）。したがってCO_2の排出源としては，化石燃料の燃焼が主因である。世界で見ても先進国についてはほぼ同様であるが，図3（b）に示すように，つい最近までは，積算値としては森林伐採の寄与が大きかったといわれる。しかしそれは過去の先進国の話である。そして"それほどではない"が，途上国での森林伐採が，エネルギー利用による排出の1/3～1/2程度のCO_2排出になるといわれている。

地球温暖化の原因は，宇宙の周期的な変化の過程，太陽の黒点などいろいろな説があるが，この急激な変化の原因はまさに人類の排出する温室効果ガスであるとしてよいだろう。確かにいろいろと考えるべきことはあるが，温室効果ガスの排出，すなわちCO_2の放出を減らす必要がある，そしてその主因は化石燃料である，と考え，地球温暖化の原因解明とは別に行動をとる必要がある。

さて，地球温暖化の元凶はCO_2であるとして，その排出は人間活動に伴うものである。しかし，われわれが生活する上でエネルギーを必要とする以上，排出をせざるを得ない。つまり，本当の元凶は人間活動そのものである。効率を高めていくことが，人類が持続するためには必要なことだろう。〔田原〕

コメント CO_2の温室効果は大きく，大気中のCO_2の濃度上昇と気温上昇とにはよい相関がある。歴史的に見ると，まさにエネルギー利用と森林伐採がその主因である。そして森林伐採の一因にもエネルギーが挙げられる。〔小島〕

引用・参考文献
1) 小島紀徳：エネルギー，日本評論社（2003）
2) 小島紀徳：二酸化炭素問題ウソとホント，アグネ承風社（1994）

メタンや亜酸化窒素は，むしろ農地や自然環境から放出される？

　わが国での温室効果ガス排出量に関する推定値では日本の総排出量のうち，CO_2 が占める割合は 95 % であり，メタン，亜酸化窒素ともそれぞれ CO_2 換算で 2 % 程度を占めるにすぎない。その内訳をメタンと亜酸化窒素のそれぞれについて図1，図2に示す。まずは人為的発生源としては，農地が占める割合が非常に多いことがわかる。

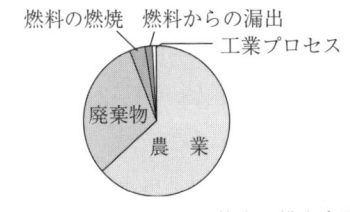

図1 わが国のメタンの放出／排出内訳（2004）[1]

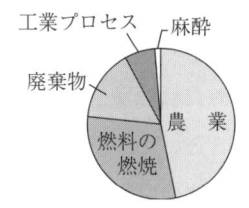

図2 わが国の亜酸化窒素の放出／排出内訳（2004）[1]

　メタンに関しては，農業が占める割合が6割以上なっており，大きな排出源といえる。農業からの排出量の内訳は，牛などの反芻による排出や家畜排泄物からの発酵による発生がその半分以上を占めており，特に家畜による放出が多い。また，亜酸化窒素についても農業が半数近くを占めており，農地用の土壌から発生している量が多く，家畜排泄物を処理する際にも多く発生している。ただし，亜酸化窒素については運輸はかかわる燃料燃焼から発生する量も多くなっている。

　いずれの温室効果ガスの発生も農業が大部分を占めており，その対策が必要である。メタンに関しては牛に"げっぷ"をするなというわけにはいかない。一定種類の乳酸菌や酵母などの微生物を配合した飼料を与えることで，"げっぷ"に含まれるメタンガスを削減する方法も考えられているようであるが，コストがかかりすぎて現実的ではないだろう。面白い話では，牛に"たわし"を

飼料に混ぜて食べさせるとよいらしい。基準年に対し，家畜排泄物に関しては管理により 20 % 程度，廃棄物も同様に埋立処分場管理により 35 % 程度排出抑制がなされてきた[1]。水田では水管理を行うことによりメタン発生を制御できるともされている。管理による発生抑制技術や回収技術を今後も確立していく必要があるだろう。

また，亜酸化窒素は，施設栽培条件下で栽培管理法を変えることによって発生抑制する技術や，肥料の改良を実施することで発生量を抑える技術開発などが施されている。また，最近燃焼ガスからの発生制御も試みられている。〔田原〕

コメント1 窒素は植物により大気から固定され，そして植物が腐り，それが再び大気に還る途中では，一度亜酸化窒素の形になるが，最後は大気中で窒素に戻る。亜酸化窒素についてはオゾン層破壊にも関与するとの説もある。メタンも自然界の中で土壌から大気に放出されるが，大部分は土壌中で CO_2 まで酸化され，大気中でもゆっくりではあるが CO_2 に酸化される。〔小島〕

コメント2 世界については，十分な統計が揃っているとはいえないようである。先進国（OECD）については 2002 年のデータが得られているが，それによれば，メタン，亜酸化窒素ともに CO_2 排出量の 1 割程度となっている。ただし，先進国内でも一部のデータに欠損がある。

自然環境からの排出については，その生態系が保たれている限りは地球上で自然の循環の中で発生と分解とがバランスしていたはずである。したがって人為的な"増分"とは見なさないし見なすべきではない。さらにはそれらの排出量についても，正確な見積りは難しいが，人為的排出と同じくらいの量が，自然界からも排出されているようである。メタンについては湿地帯からの排出がその半分以上を占め，これに海洋，昆虫（シロアリなど）や野生動物が続くという見積りがある。また，亜酸化窒素については人為的発生以上の量が自然土壌から排出されているという。標記の問いに対しては明らかに"はい"であるが，だからといって湿地帯や自然土壌の管理・改変をするべきということにはならない。〔小島〕

引用・参考文献
1) 国立環境研究所：温室効果ガスインベントリオフィス，
   http://www-gio.nies.go.jp/index-j.html

CO₂・地球温暖化　18

CO_2 は回収，除去できる？

→関連：CO_2・地球温暖化 11, 20／化石燃料 06

　CO_2 を有機物に戻すことがナンセンスであることは（CO_2・地球温暖化 11）ですでに述べた。しかし，CO_2 を回収してそのままの形で大気から"隔離"する，すなわち貯留しておくことは不可能ではない。

　わが国の CO_2 の大きな発生源は ① 火力発電所，② 製造工程（鉄鋼，化学，セメント，紙パルプ産業など），③ その他（民生部門（家庭，業務），廃棄物焼却炉など）に大別できる。その発生源に応じ，さまざまな回収方法が提案され，技術開発されている。現在提案されている回収法は，吸収法（化学吸収法，物理吸収法），吸着法（PSA 法，TSA 法，PTSA 法），膜分離法（高分子膜，液膜（促進輸送膜），無機膜），酸素燃焼法，昇華法，深冷分離法がある。ただし分離回収するためには熱や膜なども必要で，それらの製造工程からも CO_2 が排出される。当然回収する CO_2 より回収するときに使用するエネルギーに伴って排出される量が多かったりすると意味がない。化学吸収法（アルカノールアミン法），物理吸着法（PSA 法）または膜分離法（高分子膜）を用いた際の分離エネルギーの試算は，$0.006 \sim 0.558 \text{ kW·h / kg-}CO_2$ になるといわれている。日本の電力の CO_2 排出原単位は $0.4 \text{ kg-}CO_2 / \text{kW·h}$ 程度であるから，効率が悪いケースだと 1 kg の CO_2 を回収するのに $0.2 \text{ kg-}CO_2$ もの排出になる。よってさらなる省エネ回収プロセス技術の開発が大きな課題の一つだろう。

　つぎに，回収した CO_2 をどのように処理するのだろうか。まず地下の帯水層への隔離や，枯渇しそうな（または枯渇した）油田へ注入して採油増進とともに行う地中隔離法がある（**図1**）。また，気体状態で海洋中へ溶解させる，または液体状態で海底に貯留するなどの海洋隔離法もあるが，ほかの環境への影響が懸念されている。海洋隔離については，海洋の生物になんらかの影響を与えることは避けられないだろう。注入の方法にもよるが，注入点周辺の海水の pH（酸性度）は $5 \sim 7$ になることが予想されており（海水の pH は通常 8 程度），海

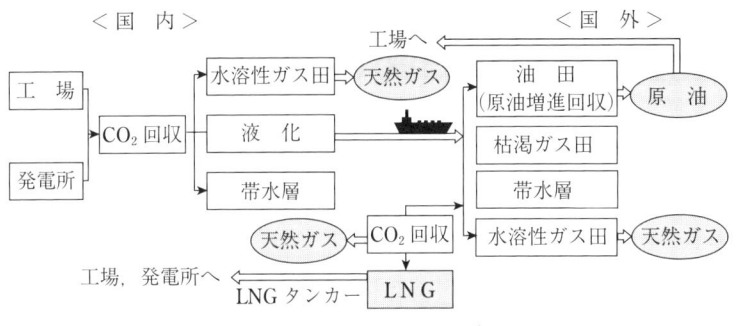

```
<国内>                            <国外>
                    工場へ
 工場  ─┐  ┌─ 水溶性ガス田 ─(天然ガス)   油田
        │  │                           (原油増進回収) ─ 原油
       CO₂回収 ─ 液化 ──────────→ 枯渇ガス田
 発電所 ┘  │                           帯水層
           └─ 帯水層
              (天然ガス)  CO₂回収  水溶性ガス田 ─(天然ガス)
    工場,発電所へ ←── LNG
              LNGタンカー
```

図1 CO₂地中処理構想[1]

水が酸性化することにより，海洋生物に影響を与える可能性がある。このため，事前に海洋隔離に伴う環境影響について慎重に評価を行っておく必要がある。

IPCCでは，地中貯留ポテンシャルの50％が利用可能である場合，全世界の40年間分の排出量に匹敵するCO_2を削減できると見込んでおり，2005年に隔離技術が温暖化を最小限に抑える方法の一つとして認めている。地中隔離については，海洋隔離の場合に比べると，地中の生物や生態系への影響は軽微であると考えられるものの，大量のCO_2が漏洩した場合には大きな問題になる。

回収隔離技術はCO_2対策としては，非常に大きなポテンシャルを持っている。われわれが持っておくべき技術ではあるが，実施しないで済むほうが良い技術でもある。〔田原〕

コメント CO_2の回収には，多量の分離のためのエネルギーが必要であるが，技術的には可能である。しかし炭酸飲料のビンの中に貯め込んでも仕方ないし，飲めばいずれは大気に戻る。海中での処理も考えられるが，水圧が高い深海に沈める（3 000 m以下に沈めることにより，炭酸は液体となりかつ海水の密度より高くなるので自然とそれ以深に沈み，溶け出しにくくなるとされる）にはさらに多くのエネルギーが必要である。無機炭酸塩として貯めたり，廃棄物（スラグ，コンクリートなど）に吸わせるとの提案もあるが，最近では安定した地層に貯留するという対策が真剣に検討されている。〔小島〕

引用・参考文献
1) 小島紀徳：二酸化炭素問題ウソとホント，アグネ承風社（1994）

CO_2・地球温暖化　19

天然ガスは地球温暖化問題を解決する？

→ 関連：CO_2・地球温暖化 20 / 化石燃料 05

　天然ガスは石炭，石油とともに地球内部に存在する化石資源の一つである。天然ガスは単独で存在し採掘される場合と，石油とともに産出される場合がある。常温常圧下で気体（ガス）であるため，いずれの場合でもガス状で産出される。日本では1次エネルギーの約13％が天然ガスであるが，欧米では20％以上を天然ガスが占める国が多い。ロシアでは半分以上が天然ガスであり，世界では約1／4が天然ガスである。ではなぜこのような利用割合に差が生じるのだろうか。欧米では古くから大規模な天然ガス田が開発されており，それらは陸上に敷設された天然ガスパイプラインによりガス田から需要地へ輸送される。一方，日本では国内に大規模なガス田がなく，ほとんどは海外から液化天然ガス（−162℃に冷却して天然ガスを液体にしたもの）の状態で輸入され，需要地において気化して利用される。このように，日本は欧米に比べて国内の天然ガスインフラの整備が遅れたため，その利用は欧米ほど広がっていない。

　ところで天然ガスはどれぐらいのCO_2を発生するのであろうか？　**表1**に石炭，石油，天然ガスの単位エネルギー当りのCO_2発生量を示す。化石燃料が発生するエネルギー量はおもに炭素および炭化水素の燃焼反応によって発生するエネルギー量である。したがって，ほとんど炭素で構成される石炭より，炭化水素成分で構成される石油のほうが単位エネルギー当りのCO_2発生量は少ない。また，炭化水素の中でも最も水素／炭素比率の高いメタンを主成分とする天然ガスは石油よりさらにCO_2発生量は少ない。したがって，同じ量のエネルギーを消費するケースを比較すると，石炭より石油，石油より天然ガスのほうがCO_2発生量は少なくなる。そこで，既存の消費機器の燃料を石炭か

表1　化石燃料間のCO_2排出量の比較[1]

	石　炭	石　油	天然ガス
CO_2排出量〔g-C／kcal〕	0.103	0.0781	0.0564

ら天然ガス，もしくは石油から天然ガスに転換することでCO_2発生量はそれぞれ約45％，約28％削減できることになる。

さて本題の天然ガスは地球温暖化問題を解決するのか？　という問いであるが，天然ガスも化石燃料であるので答えは"いいえ"である。しかし，"解決する"ではなく，"改善できる"といえば答えは"はい"である。なぜなら，日本はこれまで天然ガスの普及が十分ではなく，1次エネルギー利用に占める天然ガスの割合は欧米の半分程度である。そこで日本でも天然ガスの利用割合が欧米並みに増えれば，天然ガスが石油，石炭を代替したエネルギー量の分だけCO_2排出量が削減できる。図1に最近の天然ガス消費の推移を示す。これまで石油を主原料としてきた自動車燃料にも天然ガスの利用が始まっており，石油や石炭を燃料として用いてきた用途を天然ガスに置き換えることで地球温暖化問題は"改善の方向に進む"といえる。〔里川〕

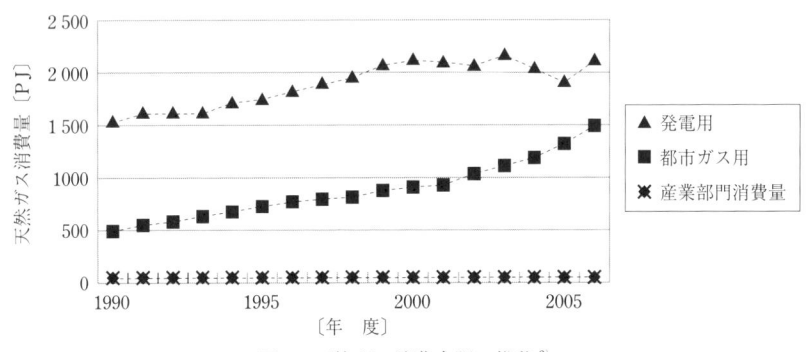

図1　天然ガス消費内訳の推移[2]

コメント　天然ガスの確認可採埋蔵量は石炭の1/3，未確認分を含めた推定埋蔵量では数十分の1である。もし，世界中で化石エネルギーのすべてを天然ガスに置き換えると，天然ガスは推定埋蔵量基準でも40年くらいでなくなってしまう。100年規模で考えると地球温暖化問題は天然ガスでは決して解決できない。ただし，メタンハイドレートなど新しい資源には期待したい。〔小島〕

引用・参考文献
1) 小島紀徳：エネルギー，日本評論社（2003）
2) 経済産業省資源エネルギー庁webページ，
http://www.enecho.meti.go.jp/info/statistics/jukyu/resouce/pdf/0805/6b.pdf

CO$_2$・地球温暖化　20

石炭は使ってはいけない？
石炭利用技術はもういらない？

→ 関連：化石燃料 06, 09

まず**図1**の日本の石炭の使用状況からわかるように，国内産の石炭はもうまったく使われてはいない。しかし石炭自身の使用量は増えている。原料炭というのは鉄鉱石から鉄を作るために使われる石炭のことである。一般炭は昔なら暖房用や風呂用であり，最近では発電用として使用されている。

（CO$_2$・地球温暖化 19）の項でも述べたとおり，石炭は三つの化石資源の中で単位エネルギー当りの炭素含有量が最も高い燃料である。燃焼してエネルギーを取り出すことにより発生するCO$_2$の量は石油，天然ガスに比べて格段に多い。したがって，化石燃料の中でも石炭は最も地球温暖化に影響している。それでは石炭は使ってはいけないのか。各化石資源の確認可採埋蔵量を**表1**に示す。石油が40年，天然ガスが69年といわれているが，石炭は100年以上であり，ほかの資源より埋蔵量はかなり多く当面は枯渇の心配はない。さらに推定残存資源量を含めると石炭は2 000年以上という説もある。それではこのままCO$_2$の発生をさせていてよいのであろうか。答えは"いいえ"である。"豊富な資源量"と"CO$_2$

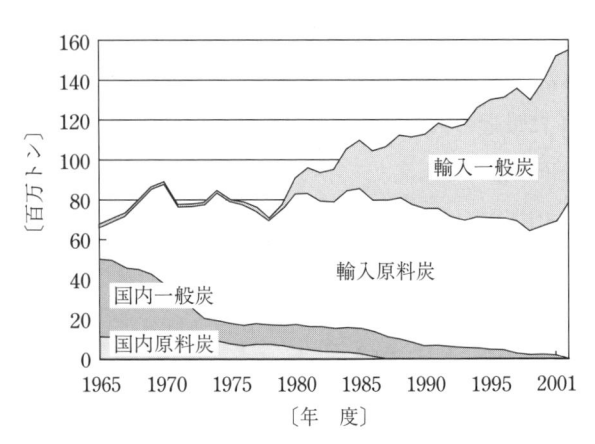

図1 日本の石炭使用状況

表1 化石燃料の可採年数の比較[1]

	石炭	石油	天然ガス
確認可採埋蔵量〔Ttoe〕	0.329	0.142	0.131
平均年生産量〔Gtoe〕	2.29	3.15	1.91
可採年数〔年〕	144	40	69

※　toe＝石油換算トン

は出したくない"という矛盾を解く鍵は技術開発である。

　まず今後開発されるべき技術は石炭から他のエネルギー源への転換技術である。鉄製造には石炭以外の原料はほとんど使用されてこなかったが，最近は，容器包装リサイクル法の施行により，廃プラも使用され始めた。しかし，製鉄には原料炭は欠かせず，どこまで削減できるかは新たな技術課題である。

　つぎに石炭の高効率利用技術が挙げられる。実際，日本全体での発電効率（送電端効率）としては40％弱であるが，最新型の微粉炭火力では，蒸気タービンの圧力・温度を上げることで効率を40％強まで上げている。さらに一度ガス化をし，ガスタービンを蒸気タービンの前に置くガス化複合発電では，45％以上の効率が期待される。さらに燃料電池など他の技術を組み合せば，55％も夢ではない。40％が55％になるとCO_2の発生量は約27％削減できる。もともとCO_2をたくさん排出する石炭ゆえ，この効果は大きい。

　最後の鍵はCO_2の隔離という新たな技術にある。CO_2の隔離とは石炭のエネルギーを取り出した残りのCO_2を大気中には放散せず，地中や海底に輸送して貯留するという方法である。石炭の場合には発生したCO_2を分離して石炭の廃坑の空間に圧入するという方法もある（CO_2・地球温暖化18参照）。

　このような技術が実現可能かどうかはCO_2発生源の地理的条件や政治的・経済的な状況により変化するので一義的に比較はできないが，できるだけ効率の良い方法が開発されることが石炭利用の鍵になることは間違いない。特にガス化を行った際に発生する一酸化炭素を水性ガスシフト反応（$CO + H_2O \rightarrow CO_2 + H_2$）で水素に変換し，水素をエネルギー源として$CO_2$を回収，貯留するというプロセスが注目を浴びている。石炭の使用に際しては前述のようにCO_2を固定する技術との組合せがキーとなろう。〔里川〕

> **コメント**　石炭は埋蔵資源量から考えると，今後の有効利用が望まれる。燃焼時に発生するCO_2の回収固定をも考えたクリーンコールテクノロジー（CCT）が期待されている。〔小島〕

引用・参考文献
1）小島紀徳：エネルギー，日本評論社（2003）

地球温暖化対策，日本はCO_2削減6％でいいの？

→ 関連：CO_2・地球温暖化 06, 07, 08／政策・雑学 01, 02, 06, 11

　この問いに対する答えは，地球温暖化防止と京都議定書の枠組みをどう捉(とら)えるかによってまったく異なる。地球温暖化防止の捉え方の大きな論点は"そもそも地球温暖化は防止しなければならないのか？"と"現在の京都議定書枠組みは地球温暖化防止に有効か？"の二つである。結論からいうと6％という削減量は政治的妥協の産物でありその妥当性を論じることにはあまり意味がない。

　"現在の京都議定書枠組みは地球温暖化防止に有効か？"という問いに対しては，"正直まったく役にたたないとはいわないが実効性はきわめて疑問"といわざるを得ない。最大の温室効果ガス排出国の米国の未加入の問題をひとまず置いておいても，中国，インドといった巨大な発展途上国上位グループの温室効果ガス排出を規制しない形での枠組みが精神運動以外の実効性を持たないのはだれが見ても明らかである。現実に中国の温室効果ガス排出量は日本の排出量を超えて世界第2位となり増加を続けている。日本のマスコミがこの問題をあまり積極的にとり上げないのは，この問題の議論に踏み込むと"発展途上国が現状の先進国並みに生活水準を向上させる権利があるか？"とか"無秩序な人口増加を容認している国の国民の福祉の向上は全人類の責務か？"といった答えのない現代の民主人権主義の矛盾にまともに向き合う必要があるからである。話は少し京都議定書の枠組みからずれるが，2008年の原油高騰で，1バレル当り60〜70ドルくらいまでは先進国ではほとんど消費抑制効果がなく，中国では粗悪炭に需要がシフトしたことから温室効果ガス排出削減に価格政策の効果は限定的であることが示された。しかしながら，100ドルを超えると先進国でも車の使用率が下がりガソリンの消費量が5〜10％という大きな割合で減ってきた。また車の需要も燃費の良い小型車に劇的にシフトしたので長期的にはかなりの石油消費量の減少が見込まれる。このことから，温室効果ガス排出削減が生半可なことではいかないことがわかるとともに，ある閾値(しきい)を超え

ると価格政策は急速に効果を持つことがわかる。不思議なことというか当たり前というか，現代の1バレル当り60〜70ドルという水準は物価を補正すると過去の石油危機における（瞬間値を除く）最高値とほぼ同じであり，このあたりに需要のかなりの部分の支払える限界価格があるものと思われる。

　もう一方の"そもそも地球温暖化は防止しなければならないのか？"という問いに対しては現在だれも明確な答えを持っていないと考える。そもそも地球物理学はほとんど実験できない学問なので，地球物理学の未来予測シナリオは，ほかの物理や化学などの実験科学から見ると"現在までの観測事実の大部分を説明できるモデル（仮説）"にすぎないことを十分認識する必要がある。

　確からしいと思われることは"地球が温暖化しCO_2が増加すれば地球全体の植物生産は増加する"ということである。そして初期の"地球温暖化により世界は砂漠化して食糧生産は減り大変なことになる"という危機シナリオが否定された後に出てきたのが，"地球温暖化速度が速すぎて植生の変化が付いていかない"という説である。しかしながらこの説も最近第4間氷期（現在まで続いている）以前の気候変動は現状想定されている地球温暖化速度よりはるかに速かったのではないかという観測結果が出て少し旗色が悪くなっている。ただし，気候変動率の低かった第4間氷期の環境に適応して人類文明は発達してきたのであり植生変化の絶対的適応性以外に問題がないとはいい切れないのも事実である。来年の気候がある範囲で予測できなければ農業は成立しないのは明らかである。〔一本松〕

コメント　ポスト京都議定書では実効性のある努力目標が掲げられているが，日本はCOP3の目標でさえ，そう簡単には達成できそうもない。バイオマスの利活用や省エネだけでは限界ではないだろうか。地球が温暖化に向かっているのは周知の事実であり，連日マスコミで放送されている海面上昇や砂漠化は大きな問題である。先進国のリーダーとしてさらなる削減目標設定とアクションプログラムが急務ではないだろうか。〔行本〕

引用・参考文献
1) 武田邦彦, 地球環境はなぜウソがまかり通るのか2, 洋泉社 (2008)

新エネルギー 01

バイオマスは本当に
再生可能エネルギーだろうか？

➡関連：新エネルギー 10

　この疑問を考えるにあたり，まずは言葉の定義，および一般的な説明から入ろう。まずバイオマスとは，もともと生態学で用いられる専門用語だったが，現在ではエネルギーとして利用できるまとまった量の生物（おもに植物）起源の物質の意味で用いられている。バイオマスとしては，廃油，古紙，食品廃棄物，木くず，建築廃材，黒液，家畜糞尿，稲わら，もみがらなどの廃棄物と樹木や草本などのエネルギー作物がある。再生可能エネルギーには，太陽エネルギー，地熱，風力，波力，潮力，海洋温度差などがあり，石炭，石油などの化石燃料のように利用をすればするほど枯渇していくようなエネルギーではない。バイオマスもこの再生可能エネルギーの一つとして考えられているが，ほかのエネルギーと比べて大きく異なる点は，有機体という点である。バイオマスは太陽エネルギーを利用し，水とCO_2からこの有機体を生成しているため，持続的に再生可能な資源なのである。

　現在は廃棄物系のバイオマスが取り上げられることが多いが，長期的に重要となると考えられているバイオマスはエネルギー作物である。この特徴は，循環型エネルギー資源であることである。これらを燃やすことでエネルギーを得るとともにCO_2も排出するが，この排出されるCO_2はもともと大気中から光合成により植物体内に固定されたものである。このCO_2の吸収から排出まで数十年のタイムラグはあるが，正味の排出量はほぼゼロになる。この利用方法で重要な点は，収穫と栽培（伐採と植林）をセットで行い，適切な土地管理が必要ということにある。

　上記が，一般的なバイマスの再生可能エネルギー利用としての説明であるが，この論理には大きな前提がある。それは，最適な栽培や植林およびエネルギー利用を行うという前提である。ここでは植林を例にとり説明すると，確かに，伐採した木と同じ大きさの木を育てれば，正味のCO_2の排出量はゼロに

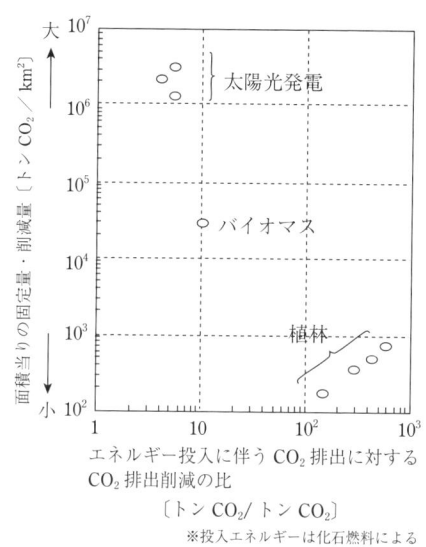

なるが，植林を行う際，刈取り，輸送，エネルギー転換で必要なエネルギー量は，得られるバイオマスエネルギーに比べて十分小さい必要がある（**図1**）。つまり，植林をするために重機の利用や灌水を得るために多くのエネルギーを使う方法は好ましくなく，また切り出した木材をどのように集材し，どのような形体（チップ化，液化）で輸送し，どう利用するのか。生産から利用までを最適化を行わない限り，有効な再生可能エネルギー利用とはならないのである。再生可能エネルギー利用としての植林，特にCO_2濃度削減策としての植林には，大規模に植林を展開する必要がある。今後の食糧問題を鑑みると，食糧生産と競合せずに，大規模に展開できる乾燥地，半乾燥地での植林が有望視されている。現在，植林からエネルギー利用まで，最適に行う研究が推進されている。〔濱野〕

図1 三つのCO_2削減技術の評価[1]

（縦軸：面積当りのCO_2の固定量・削減量〔トンCO_2／km^2〕，横軸：エネルギー投入に伴うCO_2排出に対するCO_2排出削減の比〔トンCO_2／トンCO_2〕，※投入エネルギーは化石燃料による）

コメント 上記で最適な森林管理という用語が出てきたが，森林経営の上で欠かせないことは，その土地の持続可能性である。木材を収穫した後は，地力の回復をも含め，何世代にも渡って持続可能な生産を続ける必要がある。図1に示すようにそれぞれの技術が適材適所である必要がある。また植林後バイオマス生産する場合，一般に投入エネルギーは太陽光発電に比べて小さいが，密な森林をバイオマス生産のために切り開くならば，CO_2は一度放出されることにも注意したい。バイオマスだからといって安易な土地利用は許されない。〔小島〕

引用・参考文献
1) Kojima et al.: RETRUD, Nepal (2003)

新エネルギー　02

自然エネルギーは立地歓迎？

→ 関連：新エネルギー 03

　自然エネルギーの利用拡大は，温室効果ガスである CO_2 の放出削減という観点からも地球規模で行う必要がある。それでははたして自然エネルギーの導入，すなわち自然エネルギー立地はそこに住む人々に歓迎されるのであろうか？　以下，いくつかのケースを例に挙げて述べてみたい。

　すでに世界中で広く利用されている自然エネルギーに水力発電がある。これは山岳地帯に降った雨水が川となって海まで流れる間に失われてしまう位置エネルギーを有効に利用する発電方式である。水力発電所は落差の大きい滝などが存在する付近に建設されたり，ダムに併設される場合が多く，貯水池に十分な水があれば，必要なときに発電することが可能である。水資源の豊かなカナダやノルウェーといった国では大規模に導入されており，山岳国家である日本でもすでに多数の水力発電所が建設されている。しかし，従来のような大規模ダムや水力発電所の建設を行う場合には，そこの地域に住む住民を移住させねばならないことや，その地域の自然環境を破壊することなど，地域への負担が大きい。したがってダムの立地は地元には歓迎されないのが普通である。しかし，最近では地域でのエネルギー自給自足を目的とした小規模水力発電が検討されており，今後の展開が期待される。

　近年，導入の盛んな自然エネルギーに風力発電がある。風力発電は風の力でプロペラを回し，その回転エネルギーで発電するものである（図1）。最近では原油価格の高騰もあり世界中で導入が進められているが，ドイツやデンマークなどの北ヨーロッパではかなり以前から積極的に導入されてきた。ドイツから北欧バルト海沿岸の国々は，一定の方向から一定の風速で1年中風が吹き続ける場所が多く存在し，風力発電に適している地域であることも理由の一つであろう。そのような環境の恩恵もあり，風力発電が国家エネ

図1　風力発電用プロペラ〔写真提供：柏原浩氏〕

ルギーの数%にまで至っている国もある。水力発電につぐ有力な自然エネルギーとしてさらなる導入が期待されている。風力発電の場合は巨大なプロペラが林立することになるので景観的な問題はある。しかし，水力発電のように大規模な自然破壊は伴わないので比較的導入に対する抵抗感は小さいようである。

太陽光発電は太陽電池パネルを敷き詰めて発電を行う方法で，水力や風力のように発電機を回して発電するのではなく，太陽光エネルギーを直接電気に変換する発電方式である。小規模発電が可能であり建物や施設の屋上に設置するケースも多く見られる。設置面積に対する発電量は小さいが，住宅用の分散型エネルギーとしては拡大が期待される。自家発電という点では立地の問題はないが，大規模に発電事業を行うためには広大な土地に太陽光パネルを設置する必要があり景観的な問題がある。また，太陽光発電は太陽の出ている時間やそのときの天気に左右されるため，日陰の多い山間部や雨の多い地方などは立地に不向きである。

地球温暖化対策としてはバイオマスエネルギーが期待されている。これは化石燃料が数億年前に固定化した炭素が主成分であるのに対し，バイオマス燃料は数年間の植物生長により大気中のCO_2を固定化した炭素であることから，CO_2フリーのエネルギーとして扱われていることによる。バイオマスエネルギーの生産方法として未利用地の植林を考えるならば土地の有効利用という面で歓迎されるが，そのために森林伐採を行うなどの自然破壊を伴う場合は必ずしも歓迎されるべきものではない。バイオマスエネルギーの利用拡大にあたっては，食糧生産や自然保護とのバランスの上で行われるべきであろう。〔里川〕

コメント 中国での全長600 kmにもおよぶ三峡ダム建設の際には環境破壊，住民無視であるとして大きく取り上げられた。一方，自然エネルギーの特長として分散型であることがよく指摘されるが，例えば風力発電の風切り音など，必ずしも住民に歓迎されているとばかりはいえない。しかし，日本のように，電線が張り巡らされている国ではなく，ネパールやインドといったインフラが不十分な国では電化されていない地域も多く，このような地域では電気が導入されたというだけで，教育や娯楽面での大きな改善が見られることになる。立地が歓迎されるかどうかはその土地のさまざまな条件・特性に大きく左右される。〔小島〕

| 新エネルギー | 03 |

日本に自然エネルギー立地は難しい？

➡ 関連：新エネルギー 02 / 化石燃料 07

　（新エネルギー 02）の項では自然エネルギーの立地の難しさについて述べた。それでは日本に限った場合にはどうであろうか。自然エネルギーといわれるいくつかのエネルギーについて，日本での立地という視点からその可能性について考えてみたい。

　日本は国土の約 70 ％を山地が占める地形であり，比較的水資源には恵まれた国である。したがって，水の落下エネルギーを利用した水力発電は古くから開発され，現在までに多くの発電用のダムが建設された。しかし，自然景観や環境保護の観点からこれ以上の建設は困難と思われる。日本は国土の大きさのわりには人口が多いため，いくら水資源が豊富といえども水力発電が占める電力供給量は全発電量の 10 ％にすぎない（**図 1**）。ただし，日本でも地域により水事情は異なる。鹿児島県の屋久島では島内のすべての電力需要をまかなえるだけの水力エネルギーがある。屋久島における化石燃料の利用は自動車がほとんどで，電気自動車や燃料電池自動車（水素燃料）の時代になれば，余剰電力により自動車燃料も自然エネルギーに置き換わるであろう。海外に目を向ける

※ 四捨五入の関係で割合の合計が 100％にならないことがある
※ 1955，1965 年度は 9 電力計

図 1　電源種別発電電力量構成比〔10 電力計（受電を含む）〕

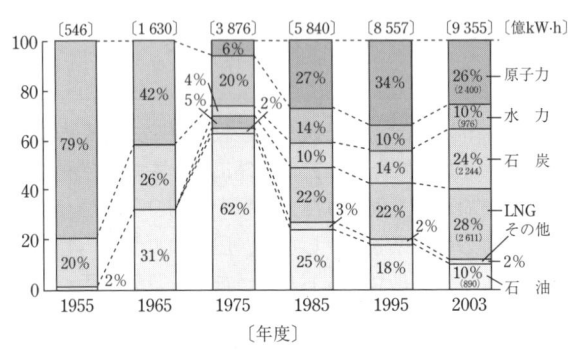

電力会社の発電電源構成は，戦後，水力発電から火力発電へ，火力発電の中でも燃料は石炭から石油へと大きく変化した。経済の復興期には水力，石炭火力が中心的な役割を果たしたが，高度成長期には安価で大量に輸入でき，使い勝手の良い石油が消費の中心となった。しかし，石油危機以降は石油代替エネルギーの導入促進策により，LNG（液化天然ガス）火力，原子力発電がウェイトを高めた。

と，このような例はノルウェーやアイスランドなど水資源が豊富で人口の少ない国ではすでに国家レベルで実現へ向けた取組みが検討されている。しかし，日本において国家レベルで屋久島モデルを実現するのは不可能である。

日本列島はいくつかの火山帯に属しており，各地に温泉があるほど地熱資源が豊富な国である。地熱を利用したエネルギーには地熱発電やその熱利用が挙げられる。しかし，温泉地域が人口の少ない山岳地帯に偏在していることや，日本の地形からパイプラインなどによる熱搬送は困難であることから大規模な地熱利用は地熱発電に限られるといわざるを得ない。日本の地熱発電は九州地方，東北地方の温泉地帯で取り組まれてきたが，地熱による発電量はわずかであり，今後も増加は期待できない。その原因は上述した立地の問題もあるが，技術的には維持管理に費用がかかることなどが挙げられる。

風力発電所の立地は（新エネルギー02）の項でも述べたとおり一定方向から一定の風が1年を通して満遍なく吹く場所が理想的であるが，日本にそのような場所は少なく，ほとんどの場所では風力発電の稼働率は低い。また台風などの突風を考慮した設計も必要である。したがって，設置後のトラブルを避ける上でも日本の場合は設置場所の選定を慎重に行う必要がある。〔里川〕

コメント まず注意しておかなければならないことをいくつか挙げておこう。日本は山岳国であり，1960年代の初めまでは水力発電が発電の主力であったこと，そしていまでも発電の中での水力の寄与は1割にもなる。この数字は主要先進国の中では決して低くはない（確かに風力についてはドイツ・北欧には及びもつかないが）。太陽光発電はつい最近までトップの座を占めていた。その上，火山国であり，地熱も豊富である。山地が多く，森林資源にも事欠かないはずである。さらに四方は海に囲まれており，自前の自然エネルギーである海洋温度差発電や潮力あるいは海水ウランなど，さまざまな海洋エネルギー開発にも期待がかかる。

日本での自然エネルギー立地は難しくない！　はずである。多様な選択ができ，水力，小水力，風力，太陽光，地熱など豊かな自然が利用できる。日本は自然エネルギーのベストミックスともいえるのだ。〔小島〕

引用・参考文献
1）エネルギー環境教育情報センター資料，http://www.icee.gr.jp/index.html

新エネルギー　04

太陽電池は本当に地球に優しい？

→関連：新エネルギー05

　最近，住宅の屋根になにやら巨大なパネルを設置している家を見ることも多くなってきた。テレビコマーシャルなどでもお馴染みの太陽電池である。太陽電池の生産量は年々増えており，図1に見られるように，日本のメーカーも頑張っている。太陽電池とは同じ電池でも乾電池とは異なり，太陽の光エネルギーを電気エネルギーに変換する発電機のことである。一般住宅に設置されるタイプは3 kW級のものが多く，晴天の日中であれば家庭の消費電力を十分にまかなえるだけの発電能力がある。もちろん曇天や雨天であればそれだけ発電量は低くなるし，夜間は発電できないので通常の系統電力との併用が前提である。しかし，電力需要の多い日中だけでも太陽光のような自然エネルギーで発電できれば十分にCO_2削減に貢献できるわけである。しかし，はたして本当だろうか。その答えは，太陽電池がどのように作られるかというところにある。

　太陽電池は単結晶シリコン，多結晶シリコン，アモルファスシリコンなどいくつかのタイプがあるが，いずれもシリコンがおもな材料である。元素としてのシリコン（Si）は地球上に多く存在する元素であるが，そのほとんどは酸化物である二酸化ケイ素（SiO_2）もしくはケイ酸塩として存在するため，シリコンを製造するには二酸化ケイ素などを還元して製造する必要がある。還元とは酸素を奪う反応のことで，化石燃料の中にあ

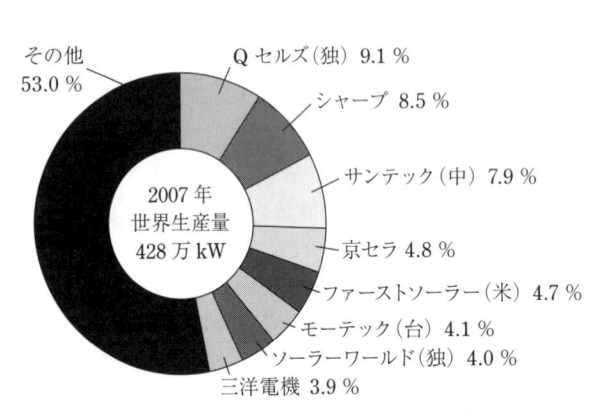

その他 53.0 %
Qセルズ（独） 9.1 %
シャープ 8.5 %
サンテック（中） 7.9 %
2007年世界生産量 428万kW
京セラ 4.8 %
ファーストソーラー（米） 4.7 %
モーテック（台） 4.1 %
ソーラーワールド（独） 4.0 %
三洋電機 3.9 %

図1　太陽電池のメーカー別シェア[1]

る水素や炭素に酸素を奪ってもらうわけである。まさに化石燃料を燃やすということと同じである。さらに高温で反応させる必要があり，大量の電気も用いられるが，その電気の大部分は化石燃料から作られている。したがって，製造された太陽電池が発電する全エネルギーが，その太陽電池を製造する際に消費するエネルギーより大きくなければ太陽電池の導入意義はない。太陽電池の設備としての寿命も考慮したLCA（ライフサイクルアセスメント）をしっかり検討しておかなければ"太陽電池の導入は本当に地球に優しい"かどうかはわからない。幸い，最近の技術進歩により太陽電池の製造効率は向上しており，数年（データによっては1年くらいとの説もある）使えば製造にかかるエネルギーより発電できるエネルギーのほうが大きくなる。図1のように太陽電池の製造において日本は世界のトップレベルにある。今後，ますます効率を向上させて，太陽電池の導入がCO_2削減に大きな効果をもたらすことを期待したい。〔里川〕

コメント 　太陽電池の性能は，単結晶型や多結晶型の場合にはあまり変化しないがアモルファス型の場合には少しずつ劣化する。それでも何十年かは持たせることができるはずである。発電したエネルギーの累積量は，その使用年数とともに増えていく。製造にかかるエネルギーとそれまで発電してきたエネルギーがちょうど釣り合う年月。これを過ぎるとようやく地球に優しくなる。太陽電池だから地球に優しいとは思わないで欲しい。たまにしか使わないソーラー電卓などは決して地球には優しくはないのだ。

　太陽電池は確かに長く使えば地球に優しい。そしてメーカーのコマーシャルにあるように発電効率の向上がキーワードである。しかし現状では，特に日本では，少しでも多くの新エネルギーの導入が可能となるような仕組み作りも重要な因子である。2008年現在，設置台数ではすでに世界第1位の座から滑り落ち，そして生産量でも欧米に抜かれようとしている。新エネルギーの一つである風力発電や太陽電池はあくまでも補完的な電力源であり，エネルギーのベストミックスがまずに肝要であると思われる。〔小島〕

引用・参考文献
1）野村証券金融経済研究所資料

| 新エネルギー | 05 |

新エネルギーは実用化できる？

➡ 関連：新エネルギー 04, 08

　自然エネルギーや未利用資源を使って作る電力は，従来より高いコストがかかるため，国の補助金やグリーン電力などというちょっと心がくすぐられる仕組みに支えられて，ようやく導入が進んでいる。この段階を実用化というのであれば，すでに多くの新エネルギーは実用化段階にある。しかし，本来の目的が地球環境対策であるならば，一部に導入されるだけでは効果は小さい。性能，コストの両面から既存のエネルギーシステムを超えなければ実際に目に見える形での地球温暖化防止効果などは現れないであろう。そこでここでは新エネルギーが既存のエネルギーシステムの中にコストも含めた経済活動の中で導入されていく状況を"実用化"と定義して考えてみたい。

　新エネルギーとは1997年に施行された「新エネルギー利用等の促進に関する特別措置法」において定義されており，具体的には太陽光発電，風力発電，太陽熱利用，温度差エネルギー，廃棄物発電，廃棄物熱利用，廃棄物燃料製造，バイオマス発電，バイオマス熱利用，バイオマス燃料製造，雪氷熱利用，クリーンエネルギー自動車，天然ガスコージェネレーション，燃料電池のことである。ここでは太陽光発電と風力発電の実用化の可能性と問題点について述べる。

　太陽電池の開発の歴史は長く，導入に向けた補助金の投入も長期的に実施された。その結果，現在の日本における普及（導入量）は2004年で1 GW以上，年間発電量に換算すると10億kW·h以上となり，新エネルギーの中では比較的高い。しかしこれにより発電される量は日本の発電量のたった0.1 %にすぎない。しかも導入のための補助金が打ち切られ，2006年には前年割れした。

　これまでは太陽電池の発電効率や製造コストに問題があったが，普及と技術革新が進むにつれてそれらの問題はクリアされつつある。しかし，多結晶シリコン型太陽電池には多くのシリコンが用いられるため，今度は原料となる多結晶シリコンが不足してくるという問題が出てきた。これまでは太陽電池に用い

られる多結晶シリコンには半導体製造工程から発生する廃棄物シリコンが利用されてきた。そのため原料製造を低コストに抑えることができた。しかし，太陽電池の需要が高まり半導体産業から廃棄されるシリコンでは間に合わず，太陽電池用の多結晶シリコンを製造しなくてはならない状況になってきた。

多結晶シリコンを製造するには天然資源である二酸化ケイ素（SiO_2）を還元して金属シリコンを作り，それをガスに変えて精製し，再びシリコンに戻す作業が必要であるが，このプロセスはエネルギー多消費型プロセスである。したがって，廃棄物から製造するのでなければ，製造プロセスにおけるコストやCO_2排出量は上昇するわけで，本格的な太陽光発電の実用化の可能性は，半導体産業と独立してコストや環境性がクリアできるかといったところにある。

つぎに風力発電ついて述べる。最近では大小さまざまな風力発電機が開発されており，日本でも各地で風力発電機を見ることができる。太陽光発電は晴天率による違いはあるが，発電量の地域格差は小さい。しかし，風力発電の場合，立地条件に大きく依存し，日本の場合は効率よく発電できる場所は少ない。したがって風力発電機を設置しても，設備稼働率が低ければ発電コストは相対的に高くなる。風力発電機は比較的完成された技術であるだけに，技術開発というよりは，量産による低コスト化を期待したい。設備を低コスト化すれば導入可能な場所を拡大できるはずである。そうなれば本当の意味での実用化ということになるであろう。〔里川〕

コメント1 燃料電池などの2次エネルギーではなく，ここで取り上げられているような再生可能なエネルギーを指すとすれば，その全体としては，いずれは日の目を見るはずである。非再生可能資源はいずれは枯渇するのだから。ただし，そのときに人類が現在のようにエネルギーを使っていたら，である。〔小島〕

コメント2 実用化できない新エネルギーとはなにか。電力コストなどの点から，現在実用化されつつある新エネルギーも将来中断せざるを得ない可能性はある。たとえグリーン電力（政策・雑学05参照）やRPS制度（ごみ・リサイクル08参照）があったとしても。〔小島〕

新エネルギー　06
水からエネルギーを
取り出すことができる？

→関連：新エネルギー 09

　地球上には水と空気が豊富に存在する。これらは人類が生存し続けるためには必要不可欠な成分であり，人類が存続している限り水と空気は存在しているはずである。これをエネルギー源として使えたらどんなによいだろうか。しかし，残念ながら，水という"化学物質"からエネルギーを取り出すことはできない。一般論として，豊富にあるものからエネルギーを取り出すことは難しい。なぜなら，自らエネルギーを有するものは，そのエネルギーを放出してエネルギーを持たないものに変わっていく。人間は宇宙が滅びていく過程で放出されているエネルギーを途中で摘んで使っている，ということになる。

　水を構成する元素は水素と酸素である。水素分子はエネルギーを持っている。しかし，だからといって，水からエネルギーを取り出せるということにはならない。酸素は空気の約2割を占める物質であり無尽蔵かつ普遍的にある物質なので，これにはエネルギー的な価値がないと考えよう。すると水素と水とを比べることになる。水素が燃えてエネルギーを出して水になるのだから，水素はエネルギーを持っており，水はエネルギーを持っていない。すなわち水という物質は，化学的なエネルギーは低い物質なのだ。

　しかし，水や空気を媒体としてエネルギー利用を行うことはできる。無尽蔵にある物質を，エネルギーを運ぶ媒体として使うシステムは，地球に環境負荷をかけない理想的なエネルギー利用システムといえる。それでは水と空気でどのようにエネルギーを得るというのだろうか。

　水は化学的には一つの酸素原子と二つの水素原子から構成される分子である。普通の状態では安定な分子であるが，エネルギーを与えて酸素と水素に分解することが可能である。例えば水の入った容器を電解質膜で二つに分けて，両方の容器に電極を入れて電気エネルギーを加えると片方の電極から水素ガス，もう片方から酸素ガスが生成する。これは水の電気分解という化学反応で

ある。電気エネルギーを用いないでも水から水素を得ることができる。例えば酸化チタンなどの光触媒を用いれば光エネルギーにより水を水素と酸素に分解することが可能である。すなわち，太陽光などの自然エネルギーを利用して水を酸素と水素に分解することが可能ということである。このようにして生成した水素は貯蔵・輸送することもできる。水素は再び酸素と反応することでエネルギーを発生する。エネルギーを取り出すツールとして燃料電池を用いると水素と（空気中の）酸素から効率良く電気エネルギーを取り出すことができる。電気を取り出す際に生成する物質は水だけである。したがって，水と空気を媒体として電気を得ることができるわけである。ただし，注意すべきはあくまでも水は媒体でしかなくエネルギー源ではないということである。〔里川〕

コメント1 水素は現状ではコストの高いエネルギーと考えられる。水を電気分解するのは大きなエネルギーが必要であり，そのエネルギーを作るための太陽電池も高コストである。水素を運ぶ媒体として水を使うには無理があるのではないか，燃料電池の普及は難しいのではないか，といった考えも依然存在する。〔小島〕

コメント2 水素を英語で書くと hydrogen である。しかし，hydro power とは水力発電のことであり，水素発電ではない。そう，水力発電は確かに水から電気を作るが，それは水という物質から電気エネルギーを取り出しているのではなく，山の上にある水が持っている位置エネルギーを電気エネルギーに変えて取り出しているのである。その意味では，高温の表層水と低温の深層水から電気エネルギーを取り出す，海洋温度差発電なども水という物質が持っている熱エネルギーを電気エネルギーに変換して取り出しているということになる。地熱も同様である。地下で起っている核反応のエネルギーを，熱水として取り出している。最近では周りよりも暖かい下水を熱源として使用しようという試みもある。

　もちろんこれはすべて，媒体すなわち"水"がエネルギーを運ぶものとして，使われているわけである。しかし，これだけの"証拠"が揃ってくると，表題については，つい"はい"と答えたくなってしまう。〔小島〕

新エネルギー　07

カリフォルニアにはエネルギーがいっぱい？

　カリフォルニア州は北緯32〜42°に位置する南北に細長い海岸沿いの州であり，米国で最大の人口と面積を誇る。その南北の緯度の中に日本の九州から北海道がすっぽり入り，面積は日本より1割程度大きい。一方，人口は日本の1/3.5程度であり，したがって人口密度は約1/4である。さまざまな文化の違いはあるが，日本人も多く住んでおり，また太平洋沿岸ということで地理的にも日本になじみが深い州である。サクラメントを州都とするが，最大の都市は米国第2の人口を有するロサンゼルスである。歴代の州知事には後に大統領になったレーガンや，元俳優のシュワルツネッガーなどが名を連ねる。

　標題のエネルギーを太陽と読み替えるなら，確かにエネルギーはいっぱいある。カリフォルニア州の夏は，地中海性気候により燦々と太陽が降り注ぐ。半乾燥地も多い。その一方，いまだ造山活動が活発で地震も少なくはない。しかし，カリフォルニア州は自然環境以上に自動車，電力，環境，エネルギーといった分野でのエポックメーカーでもある。

　米国は地球温暖化の抑制に向けた京都議定書から脱退を宣言し，政府レベルとしての温室効果ガス削減の世界的な取組みの枠組みから外れている。しかし，カリフォルニア州では以前から環境問題への取組みが積極的だ。

　そもそもカリフォルニア州が環境対策に積極的な理由の一つに自動車の排気ガスによる環境汚染があった。1990年代中ごろのロサンゼルスの街は自動車であふれ，つねに排気ガスによるスモッグが街を覆っていた。そこでカリフォルニア州では厳しい環境規制が施行された。第2のマスキー法ともいわれる"ULEV（ウルトラ・ロー・エミッション・ヴィークル）"である。まさに自動車に"空気清浄機"の機能まで求めた規制であった。カリフォルニア州は全米屈指の大きな州であり，世界中の自動車メーカーはカリフォルニア州の環境規制をクリアする排ガス浄化技術の開発が要求された。いまでもカリフォルニア

州の環境規制は世界一厳しい環境規制の一つであり，地球温暖化問題への取組みも積極的である。地球温暖化対策の一つでもある水素・燃料電池技術に関する取組みにしても，世界最大の実証試験が実施されている。

前置きが長くなったが，環境対策に力が入れば新技術への取組みも盛んになる。「カリフォルニアにはエネルギーがいっぱい」ということは，カリフォルニア州はあらゆる新エネルギーに取組んでいることを示している。その代表的なものに，カリフォルニア・フュエルセルパートナーシップ（CaFCP）という取組みがある。これは自動車メーカー，エネルギー企業，燃料電池企業，政府機関による共同プロジェクトで1999年に他国に先駆けて開始された。この活動のおもな目的は燃料電池自動車・バスをカリフォルニア州の公道で走行させ，今後必要となる規制や基準を決めるデータを蓄積させることである。またクリーンエネルギーとしての燃料電池自動車の一般大衆への啓発活動にも取組んでいる。このCaFCPの開始を契機にカリフォルニア州では水素・燃料電池に関する実証事業がつぎつぎと開始されているが，広い範囲で行うプロジェクトとして，2010年までに主要なハイウェイに沿って燃料電池自動車への燃料供給のために200か所の水素供給ステーションを設置しようという計画もある。〔里川〕

> **コメント1** カリフォルニア州の排ガス規制の強化は日本の自動車業界を育成してきたといわれている。ガソリン自動車，ディーゼル自動車，燃料電池自動車，電気自動車など多様な化石燃料，非化石，電気のエネルギーが使われ，そしてそれが，ますますエネルギー利用体系を複雑化させる可能性も指摘される。〔小島〕

> **コメント2** カリフォルニアは自然エネルギーの宝庫である。実際，風力発電の設置容量はつい最近（2004年）まで米国の州でトップを走っていたが，テキサス州に抜かれたとのことである。米国風力協会によれば，現在では米国全土での風力発電による発電量は，全発電量の1％に過ぎないが，ポテンシャルとしてはその3倍あるという。その中ではカリフォルニア州以上の発電ポテンシャルを有する州は，テキサス州のほかに15州があるという。表題の「カリフォルニアには…」は「米国には…」に変える必要がありそうだ。〔小島〕

新エネルギー　08

太陽などの自然エネルギーは本当にエネルギーを生み出せるの？

→関連：新エネルギー 04, 05

　地球上のあらゆる生物は太陽から降り注ぐエネルギーを頼りに生きている。地球全体が太陽から受けるエネルギーにより，地球の表面に風が起り，波が立ち，潮が流れ，海水が蒸発し，雨を降らせ，植物が育ち……人間も含めて地球上のすべてのものが太陽エネルギーの恩恵を受けて活動している。しかし，産業革命以降は太陽からの恩恵を忘れたかのように石油や石炭など，地中の化石資源を頼りに活動してきた。その結果，CO_2の排出などで地球温暖化を加速させてしまった。そういう意味では太陽エネルギーこそが本来地球の持つ唯一無二の自然エネルギーであったはずである。つまり太陽エネルギーは地球上の生物に必要なエネルギーを生み出しており，いまでもそれは変わらないはずである。ここでの問題は，産業革命以降の人間活動の変化により増大し続けた莫大なエネルギー需要を太陽エネルギーでどのようにまかなうかであるといえよう。そもそもどの国でも電気を大量に得る技術はまずは水力発電から始まった。しかし，それだけでは足りなくなり，化石燃料に手を出し始めたというべきだろう。そしていま，太陽から風から海から電気を作り始めている。

　太陽光や風力といった自然エネルギーは，太陽電池や風力発電機などにより電気エネルギーに変換することが可能である。自然エネルギーの導入量は，その国の立地条件などに大きく影響されるが，**図1**に示すように全使用エネルギーの4割近くを自然エネルギーでまかなっている国もある。どの自然エネルギーも導入のネックになるのはコストである。従来の原油価格（1バレル30ドル以下）では経済的な面からは自然エネルギーの導入促進は困難であった。しかし，最近の中国やインドなどの国々の経済発展に伴うエネルギー需要の増加傾向が原油価格の高騰を呼び，エネルギーコスト全体が上昇したため，自然エネルギーの導入促進も可能になったということは皮肉なものである。2007年1月にEUは"新産業革命"なるものを掲げた。これは気候変動とエネルギー

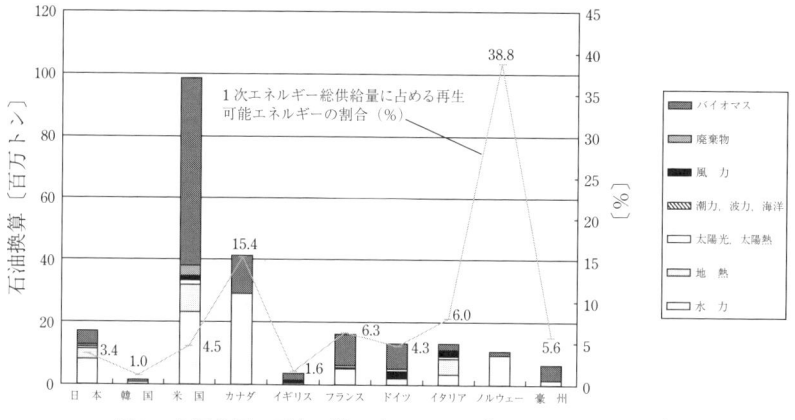

図1 主要各国の再生可能エネルギーの導入状況（2004年）[1]

供給保障の両面に及ぶもので，2020年までの温室効果ガス（GHG）排出量を20％削減するという提案である。さらに2008年7月の洞爺湖サミットの際には，日本も含めて2050年までに50％削減するという目標が掲げられた。しかし，その根拠は示されていない。今後の成り行きを注目したい。〔里川〕

> **コメント1** 自然エネルギー，特に太陽光の利用は有望である。設備の建設，維持運転に要するエネルギー以上に生まれる電力や熱があるかどうかの評価がポイントになる。エネルギーの大きさ，質で議論すべきである。〔小島〕

> **コメント2** エネルギーにはそれぞれ特徴と役割がある。バイオマスを除くと自然エネルギーの特徴は，電気しか作れないということになり，さらに水力を除くと，まさに太陽まかせ，風まかせとなる。すなわち，自然エネルギー利用のためのもう一つのキー技術は，作った電気の貯蔵ということになる。じつはこの点は，原子力とも共通性があり，原子力発電は止められないからやはり貯蔵が必要となり，水力発電，特に揚水発電（電気を使って上の池に水を貯め，必要なときに水力発電で電気を起す）との組合せが必要である。風と太陽は補完性がある（太陽と北風のイソップ寓話のように）ともいわれる。いろいろなエネルギーをうまく組合せて使うことが重要である。〔小島〕

引用・参考文献

1) IEA: Energy Balances of OECD Countries (2006)

新エネルギー　09

水素は本当にクリーン？

→関連：新エネルギー 06

　テレビ報道などからは"燃料電池自動車＝水素燃料＝CO_2排出ゼロ＝クリーン！"といったイメージを受ける。これは本当だろうか？　確かに燃料電池自動車は水素燃料から燃料電池（電気化学）反応により発電してモーターを回転させて走行しているので，自動車から排出される成分は燃料の水素と空気中の酸素から生成した水のみである。したがってその部分だけ考えれば正解である。しかし，現在ある水素を製造段階から考えていくと明らかに誤りである。その理由は現在の水素製造方法にある。水素は宇宙には存在するといわれているが地球上や地球内部にはほとんど存在しない。すなわち水素は1次エネルギーではなく電気などと同じように人間が製造した2次エネルギーである。それではどのように水素は製造されているのであろうか？

　水素は古くから大変重要な化学原料の一つであり，現在でも大量の水素が世界中で製造されている。しかし製造される水素は化学肥料のためのアンモニア製造や石油化学品を製造するための原料として利用されることが多く，エネルギーとしてはほとんど使われていない。水素はおもに化石資源から製造されており，その代表例は天然ガス（主成分はメタン）と水からの化学反応（水蒸気改質反応など）により製造する方法である。メタンの化学組成はCH_4であり，炭素を含むので，メタンから水素を製造すれば製造時に必ずCO_2の生成を伴う。化学式で書けば，$CH_4 + 2H_2O \rightarrow CO_2 + 4H_2$となる。ただし，実際にはこの反応は吸熱反応なので，一部のCH_4は酸素で燃やし熱を発生させる必要があるのでさらにCO_2が発生する。石油や石炭からも製造されるが，それらの原料を用いるとさらにCO_2発生量は増加する。したがって，化石資源から製造された水素はCO_2を発生するという点でクリーンではない。

　しかし，本当にクリーンな水素を利用する取組みもある。すでに実証試験段階にあるのが水力，風力，太陽光などの自然エネルギーを利用して発電した電

気を用い，水の電気分解により製造する水素を用いる方法である。このようにして製造される水素へのエネルギー変換効率はそれほど高くはないものの，製造時にはCO_2の発生を伴わない水素であり，再生可能なエネルギーシステムを構築することができる。しかし，日本でこの方法を採用しようとしても，自然エネルギーが余っているわけではないし，ほかの電力を用いるのであれば水素を製造する意味がない。自然エネルギーの供給余力があって，貯蔵・輸送が可能な水素に変換する設備が整えばが有力なエネルギー利用形態になるかもしれない。

　すでに，国家エネルギーのほとんどを自然エネルギー由来の電気や熱でまかなっているアイスランドでは，自動車や船舶の燃料を，自然エネルギーから製造した水素に切り替えるための実証研究が進行中であり（図1），本当の意味でのクリーンな水素を将来のエネルギーとして利用する試みが始まっている。〔里川〕

図1 アイスランドで走っている水素バス。ドアに水素の記号Hが見える。[1]

> **コメント** 化学工業（カセイソーダ副生物），製鉄業（コークス炉ガス）の水素利用は有望であるといわれている。これは水素が副生物として発生するからである。また，水素はそれでも化石燃料と比べ貯蔵や輸送の点でもまだ解決すべき問題があるが，燃料電池で発電することによる効率向上は魅力である。〔小島〕

引用・参考文献
1) 中部電力技術開発ニュース，No.120（2006），http://www.chuden.co.jp/torikumi/study/library/news/pdf/list120/N12003.pdf

新エネルギー　10

森林での太陽エネルギー利用効率は高々 0.5 %にすぎない？

➡ 関連：新エネルギー 01

　日常生活の中で，読者の皆さんはどのようなときに太陽の存在を意識されるだろうか？　日焼けを気にしたり，洗濯物の乾き具合を気にしたりするときに太陽の存在を気にされるのではないだろうか。その太陽にも寿命があり，約 50 億年といわれている。太陽は地球上に生命活動をもたらす重要な役割を担っており，特に植物や藻類で行われる光合成活動の原動力となっているのである。

　それでは，地球上に降り注いでいる太陽エネルギーは生命活動に，どれほど利用されているのであろうか。森林は，大気中の CO_2 を光合成により消費し，その代わりに酸素を吐き出している。その働きには太陽光が必要であり，土壌からの水を吸水する必要がある。それでは，森林生態系の中でも，生産性が高いといわれる熱帯林を対象に太陽エネルギーの利用効率を考えてみる。樹木は太陽エネルギーを利用することで光合成活動をし，生長（葉，枝，幹の生成）していくことから，物質の流れはエネルギーの流れと考えることができる（図1）。まず，熱帯雨林における光合成による総生産量は 100 トン／(ha・年) 程度である。これは降り注ぐ太陽エネルギーの 1〜2 %にすぎない。しかし，そのうちの 65 %は葉・枝の呼吸で，10 %は根における呼吸により消費されてしまう。その結果として，1 次生産量としては 25 トン／(ha・年) が得られ，生

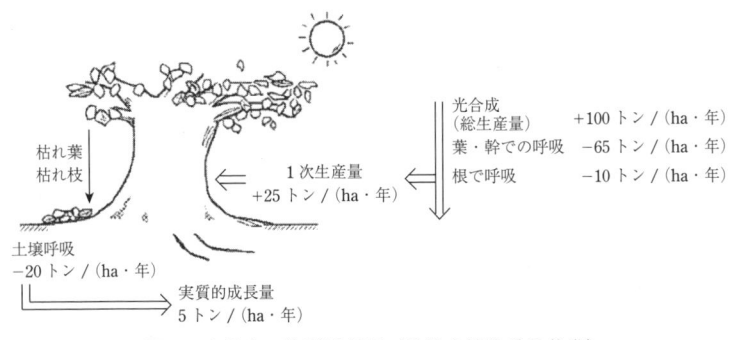

図1　森林内の物質循環例（乾燥有機物重量基準）

長に使われ枝葉に蓄積されることとなる。しかし、1年も経つとその枝葉も8割が枯れ葉や枯れ枝として落ち、土壌中で微生物により分解される。以上の結果として、実質的な生長量は5トン/（ha・年）となり、これは光合成による総生産量の5％程度が幹や枝の生長に使われたことになる。結局太陽エネルギーの0.05〜0.1％である。もし、落葉落枝までバイオマスエネルギーとして利用したとしても、太陽エネルギーの高々0.25〜0.5％しか利用できないことになる。

現在、CO_2問題の解決策としての実証的植林が進められているが、森林における太陽エネルギー利用効率の0.25〜0.5％以下という数字は、太陽電池の効率10〜25％程度と比べてしまうと非常に低い効率であることがわかる。それでは、植林はCO_2固定の役割として重要ではないかというと、そうではない。CO_2問題における森林の役割は、炭素を樹木として陸地に蓄えてくれる点で重要なのである。樹木は、地球温暖化原因物質であるCO_2と太陽光を用いて光合成を行い、体内に固定してくれる。たとえ太陽エネルギー利用効率が低くとも、人手や植林のための過剰なエネルギー投入の必要なく、炭素が陸地に固定され、その分の大気中の濃度減少に貢献する機能こそが植林の意義となるのである。〔濱野〕

コメント 地球に降り注ぐ太陽からのエネルギーのいかほどが使われているのだろうか。太陽光発電、太陽光集光に加え、水力などを入れてもほんのわずかにしかならない。確かに効率は悪いかもしれないが、地球の面積の1割、陸地面積の1/3は森林なのだ。そしてその森林が、全地球の1/3以上の生産を行い、そして全地球の2/3の生体としての炭素がためられている。炭素をためる機能と、それをエネルギーに変えることができる両方の機能を持っているものが森林なのである。もう一つ大事なことは、そのように変えられたエネルギーが、ためることができ、運べる形をしている化学エネルギーであるということである。バイオマスエネルギー以外の自然エネルギーではできないことである。〔小島〕

引用・参考文献
1）小島紀徳：二酸化炭素問題ウソとホント，アグネ承風社（1994）

新エネルギー 11

熱帯林破壊の原因は，木材の輸出？

➡ 関連：CO_2・地球温暖化 01, 02

　2005 年の地球上の森林は約 3 952 万 km^2 の面積に相当し，世界の国土面積が約 1 億 3 千万 km^2 であることから，森林は約 30 ％の面積を占めることになる[1]。また，FAO の世界森林資源評価の 2005 年版[2]では，2000～2005 年の間に世界で年間 73 000 km^2 の森林が減少したと推定されている。このうち純減少率はアフリカと南米で最も大きかった。これらの世界規模での森林減少が，大気中の CO_2 濃度を上昇させ，地球温暖化をいっそう加速させているといわれている。森林の中でも熱帯林は，未発見の種が多く，生物的多様性に富み，遺伝子の宝庫という観点からも経済的な価値，さらには独自の民族文化を育む文化的価値などその価値は多様である。

　Amelung と Diehl の報告[3]では，熱帯林減少の原因の 86～94 ％は農業によるものであり，林業によるものが 2～10 ％，水力発電のための水没が 1 ％と推計されている（表 1）。地域により異なっているが，熱帯林減少の原因は，焼き畑や牧畜によるものが多いという現状を報告している。つまり，熱帯林破

表1　熱帯国の森林減少の原因[3]

			ブラジル	インドネシア	カメルーン	全主要熱帯諸国
林　業			2	9	0	2～10
農地開発			91	90	100	86～94
	焼畑移動耕作		15	59	79	41～49
	恒常的農業		76	31	21	45
		牧草地	40	0	0	24
		恒常作物	4	3	3	3
		耕　地	32	28	18	18
関連産業を含む採鉱			3	0	0	1
ダム建設			2	0	0	1
その他			2	1	0	2

（備考）1981～1990 年までの間における森林減少への寄与度〔％〕を示す

壊の主原因は木材の輸出ではないということになる。

熱帯林が失われ続けているのは，つぎのような理由のためである。

① 熱帯林を有する国々の人口は，世界人口の75％を占めているのに，世界森林面積の57％に当たる森林しかなく，一人当り森林面積は先進国の1/2にすぎない。したがって，人口圧力が熱帯林に加わりやすい状況が続いている。

② 先進国と発展途上国とではGDPに18倍の大差があり，この世界的な貧富の差も，熱帯林問題の解決を困難にしている。

熱帯林が伐採された後の土地は，私たちが日常食べているハンバーガーの牛肉を作るための牧場となり，安い値段で取り引きされ，市場に出回っていく。ハンバーガーと伐採とがつながっているとは理解しがたいが，これが先進国で得られた豊かな生活を支えている現状である。ブラジルの輸出産業を例に見てみると，牛肉輸出は世界第1位で，大豆もアメリカについで第2位である。その生産の場所の確保のために，熱帯林で焼き畑が行われ，森林を失ってむき出しになった土地では，雨水により容赦なく土壌流出させて土地の荒廃を招いている。自分たちの生活で知らず知らずに口にする食品や利用している製品が，どこでどのように作られているのかを想像してみることで，地球で起きている問題が見えてきたりするのかもしれない。〔濱野〕

コメント 現在までに40万km^2の熱帯林が消滅している。木材輸出量は決して多くはないが，少量の良材を得るために多くの森林が伐採され，それがきっかけとなって開発が進むという構図も指摘されている。再植林への投資が見合わないほどの低価格で木材が取引されていることや国際協調の上に立った投資がなされてないことが大きな原因であろう。〔小島〕

引用・参考文献
1) FAO: State of the World's Forest 2007（世界森林白書）
2) FAO: Global Forest Resources Assessment 2005（世界森林資源評価）
3) T. Amelung, M.Diehl: "Deforestation of Tropical Rain Forests : Economic Causes and Impact on Dvelopment", Tubingen, Institut fur Weltwirtschaft an der Universitat Kiel (1992)

原子力　01

核融合炉は実現するの？

➡ 関連：原子力 04

　核融合とは，水素などの軽い粒子がたがいに衝突し，別の物質を生じる反応をいう。そしてこのときに発生するエネルギーを利用しようとするのが核融合発電である。"プラズマ"と呼ばれる原子核と電子がばらばらになる状態を作れば，衝突する確率が高くなって核融合反応が起りやすくなる。プラズマの密度と温度が比較的低い状態を長時間維持して反応を起す方式（磁場閉込め方式）と，反応時間が短い代わりにプラズマの密度と温度が高い方式（レーザー爆縮方式）の2通りがある。図1に前者の方式による核融合炉の概念図を示す。

　重水素だけを燃料とする核融合反応であれば燃料枯渇の問題はほとんどなくなる。しかしその反応は技術的に難しいので，現在は比較的簡単である重水素と三重水素（トリチウム）の反応を目指している。

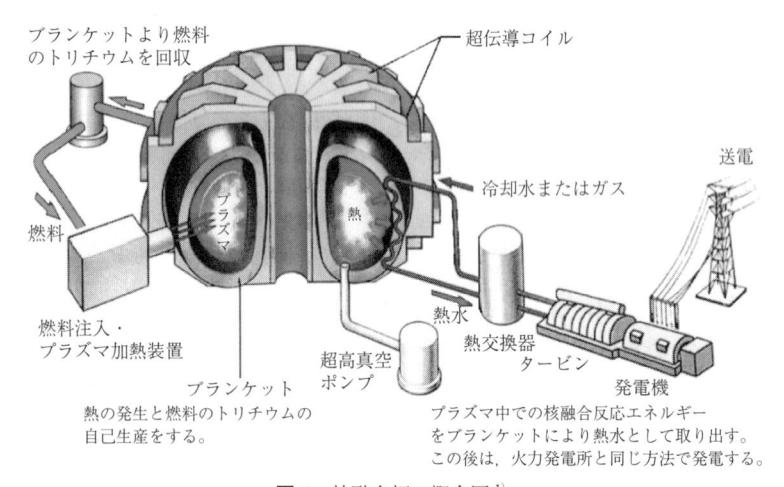

図中ラベル：
- ブランケットより燃料のトリチウムを回収
- 超伝導コイル
- 送電
- 燃料
- プラズマ
- 熱
- 冷却水またはガス
- 燃料注入・プラズマ加熱装置
- 超高真空ポンプ
- 熱水
- 熱交換器
- タービン
- 発電機
- ブランケット　熱の発生と燃料のトリチウムの自己生産をする。
- プラズマ中での核融合反応エネルギーをブランケットにより熱水として取り出す。この後は，火力発電所と同じ方法で発電する。

図1　核融合炉の概念図[1]

　内閣府原子力委員会の報告によれば，現在の日本の計画では，2020年代初頭に実際に発電を行う原型炉への移行・建設ができれば，2030年代には連続的な発電，安全性，経済性などの見通しが得られ，今世紀半ばには実用化の"見

通しを得ることも視野に入れることが可能と判断される"とされている。

現時点では，高温・高密度プラズマの安定した閉込め，および材料壁の開発が課題である。フランスに建設することになっている熱核融合実験炉 ITER は 2020 年代ごろまでに多くのデータを得る予定である。

将来的な炉では，放射性廃棄物の量が問題になる。トリチウムは放射性物質であり，中性子を使うので，炉の材料も放射性物質（廃棄物）となってしまう。もともと装置の構成が複雑なため，放射性廃棄物の発生量は現在の原子炉よりも多くなるとされている。このように，材料劣化，管理の難しさ，被ばく問題，放射性廃棄物の課題は原子力発電と同様である。

また原子炉のように放射性物質が中心部分に固体として存在しているものと違い，気体の放射性物質が炉全体を流動的に動いているという原理的な複雑さがある。

もし商用化するのであれば，1 kW・h 当り 10 円程度，出力変動や計画外停止ほぼ 0 %，妥当な出力規模（電力需要が大幅に伸びていなければ，100 万 kW 級はむしろ不必要となる）といった条件をそろえられるかで結局は決定されるだろう。地球温暖化対策への貢献という面でも，あまりに実用化が遅いと最先端の技術にもかかわらず"時代遅れ"になる可能性はある。〔勝田〕

> **コメント** ITER プロジェクトへの期待はきわめて大きいが，核融合の経済性はいまだに不確実性が高く，現時点でその可能性を議論するのは，やや性急であろう。ITER については，研究開発としての価値を，より幅広い視点で捉えることが必要だ。まずは，じっくりと基礎科学研究を固めていくことが優先されるべきで，基礎科学研究のフロンティアとしての役割が重要だ。核融合の技術選択肢として，レーザー爆縮方式などの方式も，引き続き研究を続けていくべきだろう。実用化の可能性は当分不透明ということで，エネルギー環境政策を考えておくことになろう。〔鈴木〕

引用・参考文献
1) 日本原子力研究所 那珂研究所：核融合炉をめざして — 核融合研究開発の現状，p.6（1996）

原子力　02

核の民生利用と軍事利用は区別できるの？

「原子力発電は原爆と同じ核分裂反応を用いていますが，安全に運転管理しているから大丈夫です」といわれる。日本では，電気を作る場合は"原子力"，兵器のときは"核"と使い分けている（英語では両方ともニュークリアである）。海外を見てみても，長年に渡ってなんとか両者を分けていこうという多大な努力が行われている。

ウラン235による核分裂反応の発見によって，連鎖反応で膨大なエネルギーを生み出せると考えられたのは1939年であるが，同じ年にはナチスがこれを利用した爆弾開発を行うことが懸念された。その後1941年にプルトニウムが発見され，ウランに加えて核爆弾の材料となることが知られるようになった。1943年にマンハッタン計画がスタートするが，わずか2年後の1945年における広島，長崎への原爆投下（**図1**）によって世界的に核兵器の存在が知れ渡ると，1949年ソビエト連邦（現ロシア）の核実験，1952年英国による核実験が行われた。

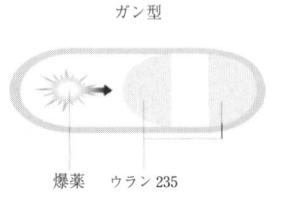

ガン型　　　　　　　　　　爆縮型

爆薬　ウラン235　　　　起爆レンズ　プルトニウム・コア
（a）　ウラン原爆（広島型）　（b）　プルトニウム原爆（長崎型）
図1　原爆のタイプ[1]

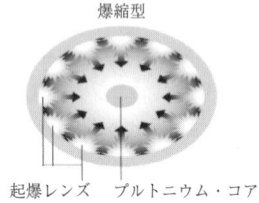

じつは，広島と長崎の原爆投下の前に，米国の研究者グループが，原子力エネルギーを使うことに懸念を示し，国際的な管理の提案をしている（フランクレポート）。1953年，米国アイゼンハワー大統領による原子力の平和利用が国連総会でうたわれ，1956年に国際原子力機関（IAEA）が設立された。しかし1960年にフランス，1964年に中国が核実験を行い，1968年に国連で核拡散防

止条約（NPT）が採択された。ここで，非核兵器保有国（上記5か国以外）への平和利用の権利を認めているものの，核兵器開発は認めていないという点が，以降，さまざまな問題を生じさせることになる。

1973年のオイルショックによって，脱石油のために原子力発電の需要の要求が世界中に高まったが，インドが"平和利用"の原子炉から回収したプルトニウムを使って核実験を行った。これをきっかけに，1977年から46か国と5国際機関が集まり，プルトニウムを使う燃料サイクルを再評価しようと，2年以上の時間を費やして国際核燃料サイクル評価（INFCE）が行われた。しかし明確な成果は得られなかったとされている。

1990年代に入り，冷戦は終結したと見られたものの，今度はインドとパキスタンが1998年に核実験を行った。さらに2000年代に入ると，米国への同時多発テロ事件をきっかけに，核テロリズムの脅威が増加した。また2004年に発覚したパキスタンのカーン博士による核の闇市場問題や，イランの核開発疑惑が深まった。さらに北朝鮮は2006年に実際に核実験を行った。

このような複雑な状況を踏まえ，IAEA事務局長のエルバラダイ氏は，平和利用のウラン濃縮やプルトニウム抽出技術（再処理）の使用制限を訴えた。これが多国間管理構想（MNA）である。一方，米国は2006年にグローバル原子力パートナーシップ構想（GNEP）を打ち出し，このような技術を持つ国と持たない国に分けることを提案した。

平和利用を隠れ蓑にして核兵器開発を行うことは可能であるため，今後も，このような新たな仕組み作りが提案されていくだろう。〔勝田〕

> **コメント** 原子力技術の中で，核兵器に直接転用可能な核物質である高濃縮ウランとプルトニウム，およびその生産技術である，ウラン濃縮と再処理技術は最も厳重な管理が必要だ。核の民生利用と軍事利用の接点となるプルトニウム利用に踏み込もうとしている日本は十分な配慮が必要だ。〔鈴木〕

引用・参考文献
1) International Panel on Fissile Material (IPFM), "Global Fissile Material Report 2006", http://www.fissilematerials.org/ipfm/site_down/ipfmreport06.pdf

原子力　03

東京に原発はむり？

→ 関連：原子力 10, 15

　"東京に原発を"というアイディアは新しくはない。広瀬隆氏の『東京に原発を！』[1)]では，原子力発電の危険性が指摘され，また映画『東京原発』では，原子力発電を東京に誘致することによって引き起される問題が描かれている。

　これらは一種の皮肉としての表現であるが，石原東京都知事は2001年5月「東京湾に作ったっていいくらい日本の原発は安全だ」と実際に発言して物議をかもした。これは，新潟県刈羽村におけるプルサーマル計画導入の住民投票で反対が過半数を占めた結果を受けての発言である。図1に日本の原子力発電所の立地場所を示す。例えば，関東地方の人々は，東京電力の所有する新潟県7基，福島県10基の原子力発電所から電力を受けている。しかし両県とも自県の電力は東北電力からまかなっており，その一方で原子力発電の事故リス

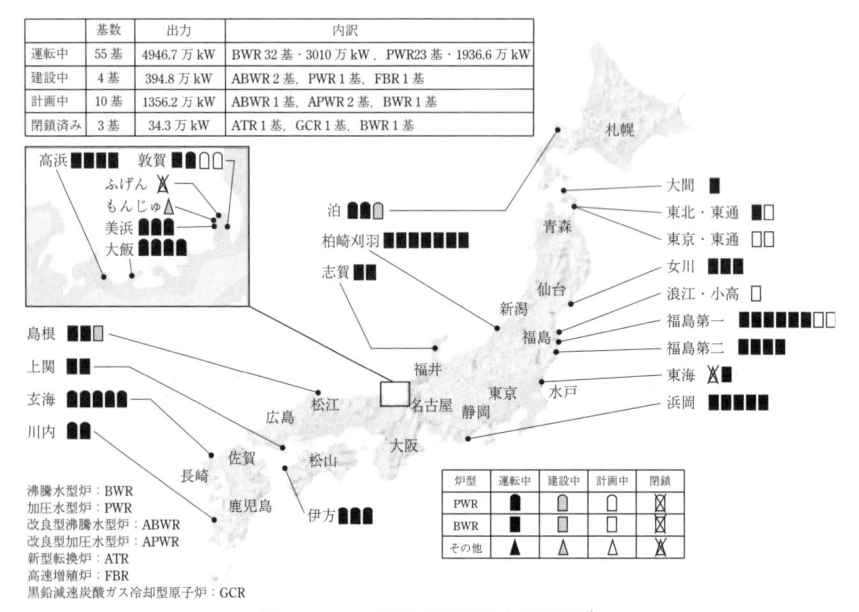

	基数	出力	内訳
運転中	55基	4946.7万kW	BWR 32基・3010万kW，PWR23基・1936.6万kW
建設中	4基	394.8万kW	ABWR 2基，PWR 1基，FBR 1基
計画中	10基	1356.2万kW	ABWR 1基，APWR 2基，BWR 1基
閉鎖済み	3基	34.3万kW	ATR 1基，GCR 1基，BWR 1基

沸騰水型炉：BWR
加圧水型炉：PWR
改良型沸騰水型炉：ABWR
改良型加圧水型炉：APWR
新型転換炉：ATR
高速増殖炉：FBR
黒鉛減速炭酸ガス冷却型原子炉：GCR

炉型	運転中	建設中	計画中	閉鎖
PWR	■	□	□	✕
BWR	■	□	□	✕
その他	▲	△	△	✕

図1　日本の原子力発電所立地場所 [2)]

クは負っている。そのため，東京に原発を，といった意見につながるようである。

　日本の原子力発電所は，海に面した人口が少ない場所に立地されている。これは，大量の冷却水の確保に加え，万一深刻な事故が起きても被害が最小になるように基準を定めている結果である。これは，国際的にも求められている立地基準であるため，大都市付近には立地が事実上困難とされているのである。

　十分な面積があるかどうかを確認する立地選定の後でも，用地取得や港湾建設といった作業が必要となる。加えて環境影響評価，知事の同意，そして関係諸問機関での議論を経て，電源開発基本計画として決定する。続いて，建設準備のために原子炉設置許可申請と，原子力委員会と原子力安全委員会による安全審査が行われる。また地元での公開ヒアリングもある。社会的には，過疎地に原子力発電所を誘致してもらうため，交付金などの経済的メリットを持たせている。映画『東京原発』では，この交付金を東京都が狙う，という皮肉な設定になっていた。

　東京に原発が作れるかどうかは，安全性の確保といった技術的対策だけでなく，経済的，社会的な側面も考える必要があるわけだ。

　ところで，東京を対象にしたものではないが，日本やロシアなどでは"海上浮体原子力プラント"の研究が行われている。これにより立地選定の自由度が増すなど，いくつかの利点があるとされている。また超安全炉（原子力 04「将来，新しい炉はできる？」参照）などは，例えばビルの地下にも設置可能といわれている。このような技術的なブレークスルーがあれば，財政難に悩む東京が立地申請する可能性もまったく否定できないわけではないのだ〔勝田〕

> **コメント**　現在の立地基準では，大都市の立地は難しそうだ。ただ，地下，海上，小型炉など，技術的な選択肢はないわけではない。問題は，コストのみならず，原子力発電と地域社会の関係など，社会的な側面も大きな障壁となりそうだ。〔鈴木〕

引用・参考文献
1) 広瀬隆：東京に原発を！，集英社（1986）
2) 日本原子力産業協会：世界の原子力発電開発の動向 2007/2008 年版

原子力　04

将来，新しい安全な炉はできる？

➡ 関連：原子力 01, 05, 09, 15

　スリーマイル原子力発電所事故やチェルノブイリ原子力発電所事故を受けて，より安全な原子炉に関する研究開発は続けられてきた。このような炉は，革新型炉，次世代型炉とも呼ばれている。

　安全な炉にするために，受動的安全性という考え方がとられている。機械による強制的な動作や人為ミスを抑えるような設計をいい，例えば大気の自然対流を用いた冷却や，制御棒の重力落下による臨界反応の停止，単純な構造やメンテナンスの簡略化による誤動作の減少などが挙げられる。また，出力を低くすることで炉心の損傷の可能性を低くできる。

　図1に電力中央研究所，東芝による4S炉を示す。4Sとは super-safe, small and simple の意味である。電気出力は1万kW，30年間は燃料の交換が必要ないというものである（通常は100万kW程度，燃料交換は数年に1度程度）。

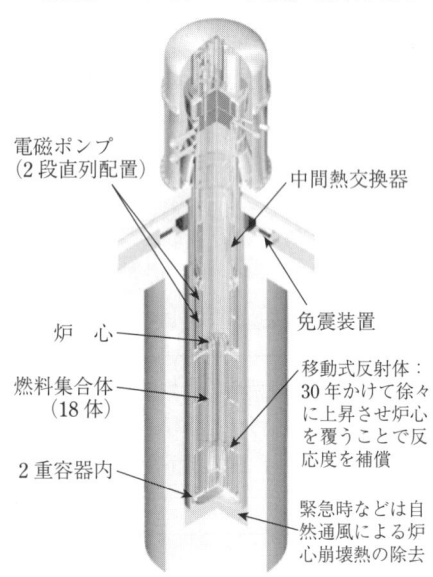

図1　4S炉[1]

この4S炉については，アメリカ・アラスカにある村に導入する動きがある。すでに米国原子力規制委員会NRCに対し，原子炉の安全性を検討する予備審査の手続きをしている。

このような炉について，いくつかの課題が考えられる。一つは，まだ予備的な実験しか行われていないため，本当に長期間耐えられるかという技術成立性の問題である。30年間はメンテナンスの必要がないとされているが，例えば現在使われている商業炉は，使用しながら多くの経験をして改良してきたが，それでも近年見られるような材料劣化のメカニズムなど，原因が不明な問題もある。需要者のより近くに設置可能になるだけに，この新しい炉になにが起きるか十分な検討が必要である。

出力を下げることにより，万が一の事故の危険性を下げることができる。しかしその結果，経済性に影響が出る。もともと原子力発電所は，大きな設備投資ではあるが，100万kW級の大出力を生み出すことでコスト回収が可能であった。小型原子炉のスケールデメリットは量産すれば解決可能だが，その量産効果はあくまで大規模に行われて現れるもので，それが実現されるかどうかは現在では未知数といえる。アラスカのような，石油などの輸送に極端に費用がかかる村や離島への適用が考えられるが，その場合は，太陽電池や風力など再生可能エネルギーとの競争の可能性がある。

また，アラスカの人々がすでに述べているが，"使用後"はだれが処分するか，ということが，安全な炉であろうとなかろうと，解決しなければいけない課題である。〔勝田〕

コメント 小型の超安全炉としては，ほかにもモジュール型高温ガス炉が現在南アフリカ共和国で実証プラントが建設されている。問題は，経済性もあるが，安全規制や電力会社が"なじみの深い技術を好む"という，いわゆる"経路依存性"も大きな障壁であるので，新しい国での実証プロジェクトは興味深い。〔鈴木〕

引用・参考文献
1) 株式会社東芝webページ，http://www.toshiba.co.jp/nuclearenergy/

原子力　05

自由化になると原子力発電所の競争力・安全性は悪化する？

➡ 関連：原子力 04, 12 / 政策・雑学 03

　規制市場では，設備投資の回収は料金によって保証されていたが，自由化市場ではその保証がなくなった。したがって，設備投資を抑えることが電力経営の安定にきわめて重要な要素となった。日本でも，1995年をピークに設備投資は低下傾向に転じ，2003年には95年当時の約半分にまで低下している。

　そのような状況では，大規模な設備投資を必要とする電源は経営リスクが大きい。その代表的な電源が"原子力発電"である。天然ガスや石炭に比べると，建設費の比率が大きく，100万 kW 級の原子炉だと一基3 000億円程度の投資が必要である。さらに，寿命が終わった後の廃止措置のコスト，使用済み燃料の再処理，廃棄物処分などのコストが，長い期間に渡って発生する（**図1**）。この不確実なコスト要因が，原子力発電への投資を難しくしているといわれる。

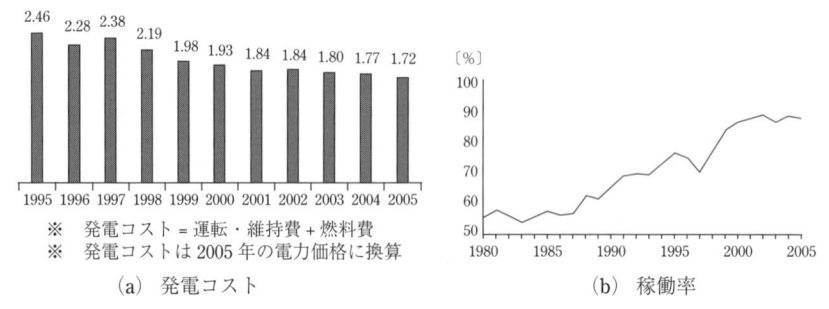

(a) 発電コスト
※ 発電コスト = 運転・維持費 + 燃料費
※ 発電コストは2005年の電力価格に換算

(b) 稼働率

図1　米国の原子力発電所の運転実績〔出典：Global Energy Decisions〕

　また，設備投資の低下は，一般的にいって安全面での投資にも影響するのではないか，と心配されている。現実に，95年の自由化以降，JCO臨界事故（99年），東京電力原子力発電所点検データ捏造事件（2002年），関西電力福井原子力発電所蒸気配管爆発事故（2004年）など，死傷者が出る深刻な事故が相次いだ。これらの事故の背景に，自由化によるコストダウンの圧力があったことは，報告書などにも指摘されており，自由化が安全性低下をもたらすとの懸

念が一般的となった。

　しかし，最近になって，原子力発電所の必要性が再認識されてきたことも事実であり，このような背景にはむしろ自由化によって原子力発電所の運転実績が向上したという現実もあるのだ。米国では，80年代には低稼働率に悩む電力会社が多く，平均稼働率では，世界でも中ぐらいの成績であった（図（b））。発電コストも火力にかなわないと見られていた。ところが，自由化により，電力会社の合併・買収などが進み，効率的な運転・管理体制が整ったことや，より合理的な安全規制に向けての政府・電力業界の努力が実り，90年代後半には世界でもトップの稼働率を示すようになった。その結果，原子力発電の競争力は飛躍的に高まったのである。このような実績に加え，米国政府は原子力発電所の初期投資リスクを低減する支援政策を発表し，特に最初に発注する数基には融資保証や許認可リスク補償などを与えることとした。このような制度の導入により，米国では30基程度の新規発注が計画されている。

　自由化による安全性低下の心配も，欧米では杞憂に終わったことが実証され始めている。自由化が最も進んでいる米国・英国では，自由化によって稼働率がむしろ向上し，安全性指標もおおむね改善しており，コストダウンと安全性向上は見事に両立し得ることが実証されたといわれている。しかしながら，上記に述べたように，コストダウンと安全性向上は"自動的に"起きるわけではない。日本においても，自由化市場において競争力向上と安全性向上を両立させるために，不断の努力が必要であることはいうまでもない。〔鈴木〕

> **コメント**　自由化というのは成功報酬である。まさに"悪（と思っていないことが問題？）知恵が働く現世代の一部"が"ほかの人類，あるいは次世代の人類"から"搾取"することを"正当化"すること，だともいえる。そのような"知恵に対する報酬"をもし100％放置すれば，歯止めもなにもない。だから"正義"あるいは"弱者救済"の点から補正してゆく"政治"や"法律"が存在する。とすれば，原子力をどうするか，という「政治」的視点が，必要だろう。いままでのように国策で，ということは必要なくなるだろうが，資源量と安全性の両面で，先が見えない技術ではある。是非に関する議論はまだ必要だろう。〔小島〕

原子力　06

脱原発は本当にできるの？

→関連：原子力14

　原子力発電に反対する人々は"脱原発"を要求している。そこまで反対ではない人々でも「原発は嫌だけど，ないと不便な生活になるから……」という。

　かりに脱原発をしようとする場合，いくつかの課題が考えられる。まず考えられるのは電力供給への影響である。2008年末現在，55基もの原子力発電所が国内に存在し（原子力03の図1参照），日本の電力量の約30％程度をまかなっている。しかし，例えば2002年に原子力発電所のトラブル隠しが発覚した東京電力は，その17基の原子力発電所すべてを止めたが，停電には至らなかった。また，必ずどこかの原子力発電所は定期検査が行われており，必ずしも全基必要というわけではなさそうである。

　地球温暖化問題への対策も不可欠である。省エネや再生可能エネルギーの積極的な導入が想定されるが，後者についてはインフラの整備，設備投資などが大きな課題である。

　また，エネルギー安定供給への影響も重要である。原子力発電所は，一度燃料を装荷すれば，数年間は安定して大量の電力を発生するというほかにはない特徴を持っている。したがって，脱原発が実現すると，電力の供給安定性が失われる可能性がある。また電源の種類が一つ減ると多様性が減り，エネルギー安全保障のリスクが増える。しかしその代わりに，そのほかのデメリット（ある発電所でトラブルが発生した場合，そのほかの炉も一斉に止めてチェックをしなければいけないことや，地震，災害，テロなどに特別の配慮が必要なこと，国際的な問題に影響されやすいことなど）はなくなる。

　脱原発の最も現実的な課題は，経済，社会への影響かもしれない。すでに長期に運転している原子力発電所は投資回収が終わり，動かせば動かすだけ収益となる。しかし新規原発にとってはそうではなく，回収不可能な費用が発生してしまう。一方で，再生可能エネルギーへの投資は増える。省エネは，電力需

要が下がることを意味する。これらの対策は，電力会社にとって魅力がない。

また，他電源と比較して，立地には産業界や地元の合意など多くの力が注がれてきた。原子力発電を導入して約50年だが，いい換えれば，これだけの時間をかけて産業界や地元などに原子力発電が深く根付いたことを意味する。長年かけて作られたこの状況から脱却するには，意識改革も含めた多くの努力と時間が必要となるだろう。一つの方法は，発電部門だけでなく，日本全体の問題として考えることである。地球温暖化対策については，例えば運輸部門などでの対策に効果がある。

"脱原発できるか？"という問題は，これまで形成されてきた原子力発電に依存した構造をどの程度減らしたいのか，ともいえるかもしれない。〔勝田〕

> **コメント** 欧州で"脱原発"を政策として決定している国（**表1**のドイツ，スウェーデンなど）でも，現実には原発への依存度が高いため，原発閉鎖はそう簡単には進んでいない。既存のエネルギー需給構造の変換は時間とコストがかかるということである。これは，エネルギーインフラは通常40年程度の寿命があるためともいわれる。脱原発を実現するためには，長期的な視点で社会インフラ全体を変えていかなければいけない。〔鈴木〕

表1 脱原発を決定した国々

ドイツ	● 2002年2月，脱原子力法成立。 ○各原子力発電所は，割当てられた残存発電電力量を発電後，閉鎖。 ○再処理輸送は2005年7月1日まで可。その後は直接処分に限定。
スウェーデン	● 1980年，国民投票により国民の大半が原子力開発は12基を超えて行わないことを支持。政府は原子力発電所の2010年までの段階的廃止を掲げた。 ● 2002年6月，スウェーデン議会は，代替エネルギーにより補完することを条件に，原子力発電所を今後30〜40年かけて段階的に廃止するという政府提案を承認。
ベルギー	● 2002年3月，閣議にて脱原子力法案の議会提出を決定。 ● 2003年1月，国内の原子力発電所を2025年までに段階的に廃する法案が成立。
スイス	● 1990年9月，国民投票の結果，原子力発電所の建設を10年間凍結。 ● 2001年3月，改正原子力法の最終原案を議会に提出。 ● 2003年，改正原子力法成立。6月に国民投票で脱原発案拒否。
オランダ	● 1995年，政府は新規原子力発電所建設に関する決定は行わないと言明。 ○ 1997年3月，経済性を理由にドーテバルト原子力発電所が閉鎖。 ○ ボルセラ原子力発電所の2003年閉鎖が決定。 ● 2002年5月，次期連立政権はボルセラ発電所の閉鎖期限を破棄することで合意。
台湾	● 2000年10月，陳総統政権は龍門原子力発電所の建設中止を正式発表。 ● 2001年1月，立法院臨時本会議により，原発建設即時再開決議を可決。陳総統は政局安定を優先，建設再開方針を決定。

原子力　07

核燃料サイクルは環境に優しい？

　核燃料サイクルとは，原子力発電の燃料であるウラン燃料の製造（採掘，精錬，濃縮，成型加工）から，原子力発電所での使用後の燃料の扱い（再処理，放射性廃棄物の処分）に関する一連の流れをいう。資源ごみのリサイクルが一般にも浸透した現在，"核燃料サイクル"もなにか環境に優しいイメージがある。しかし実際には状況は複雑であるといえる。

　高速増殖炉の実現性が具体的に求められていた時期は，再処理して取り出したプルトニウムをその高速増殖炉に入れて使用し，さらに高速増殖炉での使用済み燃料の再処理，廃棄物の処理を行うといったサイクルも示されていた。しかし現在では，再処理で取り出したプルトニウムを通常の原子力発電所（軽水炉）で使用するサイクル，すなわちプルサーマル利用が積極的に推進されている。

　もし"核燃料サイクル"が環境に優しい，というのであれば，ウラン燃料の節約効果が初めに考えられるが，これで一体どれだけ節約できるのだろうか。推進派の主張では，六ヶ所村再処理工場で回収されたウランとプルトニウムを軽水炉で使用した場合の節約効果は"1〜2割"といわれている。この程度の節約は，ウラン燃料を効率よく使用すれば達成可能で，またそもそもウラン資源は十分にあるといわれている。

　また，原子力発電によってプルトニウムができるのであるから，それを使用しようということも"環境に優しい"といえるかもしれない。2050年から高速増殖炉に移行していけば，22世紀にはウランの輸入は不必要という。しかしプルトニウムを燃料として使う高速増殖炉の実現性はまだ不透明であり，現在，経済性評価におけるプルトニウムの価値は0とされている。

　そのほかのメリットはないだろうか。2005年の原子力政策大綱によれば，再処理によって，高レベル放射性廃棄物の潜在的有害度，体積および処分場の

面積を低減できるので，廃棄物の最小化という循環型社会の目標により適合するという。さらに，高速増殖炉サイクルが実用化すれば，高レベル放射性廃棄物中に長期に残留する放射能量を少なくし，発生エネルギー当りの環境負荷を大幅に低減できる可能性も生まれるとある。図1にその図を示す。〔勝田〕

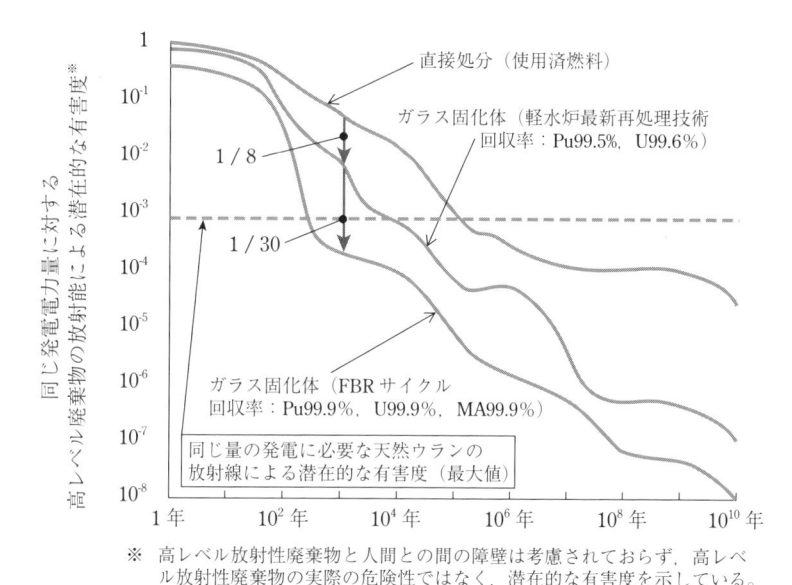

図1 使用済燃料の1年目の潜在的な有害度を1とした相対値

縦軸：同じ発電力量に対する高レベル廃棄物の放射能による潜在的な有害度※
横軸：1年 ～ 10^{10} 年

- 直接処分（使用済燃料）
- ガラス固化体（軽水炉最新再処理技術 回収率：Pu99.5%，U99.6%）
- ガラス固化体（FBRサイクル 回収率：Pu99.9%，U99.9%，MA99.9%）
- 同じ量の発電に必要な天然ウランの放射線による潜在的な有害度（最大値）

1/8，1/30

※ 高レベル放射性廃棄物と人間との間の障壁は考慮されておらず，高レベル放射性廃棄物の実際の危険性ではなく，潜在的な有害度を示している。

コメント "環境に優しい"という言葉は聞こえがいいが，その中身を正確に聞かないと，本当のところはわからないことが多い。放射性廃棄物の場合，リサイクルにより地下にある廃棄物の毒性を減らすことができても，それがどの程度リスクの低減になるかは，単純ではない。放射性物質がどれだけの確率で地下水に溶け込み，それが私たちの生活圏にまで届き，さらにどれだけ被ばくするかを計算しなくてはならない。水に溶ける確率が低ければ，リスクはそれほど変わらないことになる。毒性の評価とリスク評価は必ずしも一致しないということだ。また，地上で毒性の高い燃料の加工，流通をすると，その分リスクが増えることになる。なにごとも，一面的なストーリーを額面どおり受け取るのではなく，多面的な評価を聞くことが重要である。〔鈴木〕

原子力 08

自然放射線は無視してよい？

➡ 関連：原子力 13

　原子力発電所が放出する放射能が問題になるときに，一般の人々への過度の心配を避けるために"自然界にも放射能はたくさん存在します"，"自然放射線と比較して十分低いのです"という表現がよく使われている。

　一般には，自然界に存在する放射線および放射能（違いについては原子力 13「放射能と放射線は違う？」参照）を総称して"自然放射線"と呼ぶ。宇宙からの放射線と大地からの放射線に分けられるが，この自然放射線からの被ばくを考える場合，宇宙や大地からの放射線が生み出す放射能を吸入したり，食物の中に存在する放射能も考慮する場合も多い。

　表1に自然放射線による被ばくの年間実効線量を示す。その合計の平均値

表1　自然放射線による被ばくの年間実効線量（世界平均）[1]

被ばく源		年実効線量 [mSv]	
		平均値	典型的範囲
宇宙放射線	直接電離および光子成分	0.28 (0.30) [a]	
	中性子成分	0.10 (0.08)	
宇宙線生成放射性核種		0.01 (0.01)	
宇宙線と生成核種の合計		0.39	0.3～1.0 [b]
外部大地放射線	屋　外	0.07 (0.07)	
	屋　内	0.41 (0.39)	
屋外と屋内の合計		0.48	0.3～0.6 [c]
吸入被ばく	ウランおよびトリウム系列	0.006 (0.01)	
	ラドン（^{222}Rn）	1.15 (1.2)	
	トロン（^{220}Rn）	0.10 (0.07)	
吸入被ばくの合計		1.26	0.2～1.0 [d]
食品摂取被ばく	^{40}K	0.17 (0.17)	
	ウランおよびトリウム系列	0.12 (0.06)	
摂取被ばくの合計		0.29	0.2～0.8 [e]
合　計		2.4	1～10

a) カッコ内は，以前の評価結果
b) 海面高度から標高の高い地域までの範囲
c) 土壌と建材の放射性核種の成分構成に依存する
d) ラドンガスの屋内濃度に依存する
e) 食品と飲料水の放射線核種の成分構成に依存する

は 2.4 mSv（ミリシーベルト）である。そのうち，一番被ばくの影響が大きいのはラドンの吸入で，ほぼ半分に相当している。ラドンとは，気体の放射性元素の一つで，土壌や岩石から放出される。コンクリートなどの建築材にも入っているので，気密性の高い家屋では濃度が高くなる。なお，ラドン温泉とは，地下からの温水にラドンを多く含んだものをいう。ドイツなどでは民間療法としてラドン吸入が行われているが，ラドンそのものによる効果かどうかはまだ不明とされている。また食物については，カリウム 40 が天然放射性核種として多くの食物に含まれている。

身の回りの"加工食品"と"自然食品"の例と混同して，"自然だから大丈夫"とイメージしてしまいがちである。しかし放射線に関しては，その発生源が自然界からか人工物からなのかという違いであって，人体への影響を考える場合に両者に差はない。

国際放射線防護委員会（ICRP）は"可能な限り低く"と勧告をしているが，自然放射線と人工放射線の"合計でいくらなのか"ということに気を付けることも必要である。例えば，航空機乗務員などに関しては，ジェット機に 200 時間乗れば，一般公衆の線量限度である約 1 mSv に達するとされている。またレントゲンは，1 回で約 4 mSv になる（胃部の場合）。このような近年の生活スタイルの変化による影響も考慮する必要がある。

ところで，この話題には一つの議論がある。原子力発電からの人工放射能は，地域住民の人々が，電力の大量消費地に住む人々の代わりに浴びることになる。それが自然放射線と比較して低いからといって問題はないといってよいのかどうか，という議論である。〔勝田〕

コメント 日本では"ラドン温泉"など，自然放射線が健康へもよい効果をもたらすことが知られているためか，規制はない。しかし，諸外国では住居におけるラドン濃度は自然放射線も規制対象であり，健康への悪影響は無視できない。〔鈴木〕

引用・参考文献
1) 原子放射線の影響に関する国連化学委員会，放射線医学総合研究所：放射線の線源と影響，原子放射線の影響に関する国連化学医院会の総会に対する 2000 年報告書，附属書 B，p.165，実業広報社（2002）

原子力　09

原発や放射性廃棄物の処理は難しい？

➡ 関連：原子力 07, 13

　"放射性廃棄物"は，ウラン燃料の製造，原子力発電や再処理工場の操業，そしてこれら施設の解体などに伴って発生する。これらの廃棄物は放射能濃度によって"低レベル放射性廃棄物"と区分されている。固体の低レベル放射性廃棄物は，セメントと混ぜてドラム缶に入れ，原子力発電所の施設に保管されているが，地上保管でもリスクは十分低いものの，最終的には青森県六ヶ所村の低レベル放射性廃棄物センターに集められ，より安全を期して地下 10 m 以下の浅地に貯蔵される。2004 年度末で 200 l ドラム缶換算約 100 万本が発生し，約 17 万本がセンターに埋められている。最終的には 300 万本が埋設可能の見込みとなっている。今後，放射線によるリスクが無視できる程度になるよう約 300 年間は管理するとされているが，具体的な検討はこれからである。ところで，原子力発電所やその関連施設の運転時には気体，液体の放射性廃棄物も発生するが，常時，薄めて大気中や海水中に放出することが許可されている。

　原子力発電所の老朽化に伴って，将来的には原子力発電所の解体廃棄物の問題が生じる。廃止時にはすべてを撤去することになっているが，運転が終了しても，作業が可能になる放射能レベルになるまで約 10 年程度，冷却期間をおく必要があるとされている。

　原子力安全委員会は"クリアランスレベル"の検討を進めている。これは解体放射性廃棄物のうち，そのほとんどを人の健康に対するリスクの小さいもの，つまり"放射性物質として扱う必要のないもの"とし，一般廃棄物と同様の取り扱いや再利用を可能にしようとするものである。

　再処理工場については，解体時の作業者の被ばく量は原子力発電所よりも大きくなり遠隔操作が必要とされている。しかしまだ具体的な方法は検討段階である。

　再処理によって発生する核分裂性生成物を含む廃液は"高レベル放射性廃棄

物"と区分され,ガラス固化体の形で保管される。ガラス固化体は,遮蔽がないところだと,至近距離では致死量の放射線を浴びるため,厳重な保管設備が必要である。再処理はこれまでフランスと英国に委託していたため,すでに返還が始まっている。青森県六ヶ所村の高レベル放射性廃棄物貯蔵管理センターでは,2005年7月までに1 016本程度が保管されている。最終的には2 200本となる予定である。

なおこのセンターはあくまでも"貯蔵"施設であって,最終処分場ではない。処分地はまだ決定していないが,文献調査で2億円,地層調査で20億円が交付金として地元に支払われるため,名乗りを挙げる村もある。しかし結局は地元住民の反対などによって頓挫する場合がほとんどである。国の予定では2030年代後半に建設,2040年代後半に操業開始となっている。**図1**にその概念図を示す。〔勝田〕

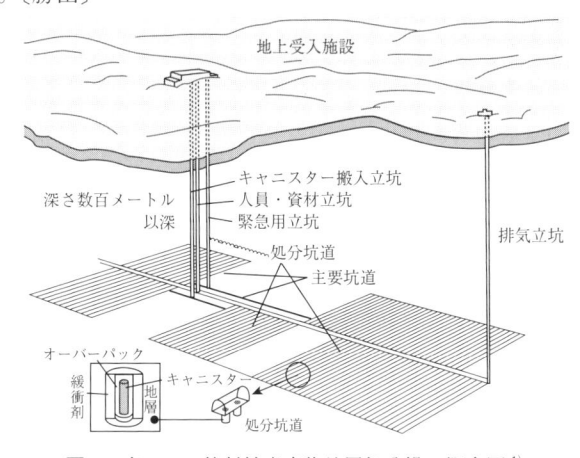

図1 高レベル放射性廃棄物地層処分場の概念図[1]

> **コメント** 何万年という期間で安全を保証することは,社会的には大変困難な課題である。その一方で,いわゆるふつうの"ごみ"の排出総量と比べれば,絶対量は格段に少ない。量と質。じっくりと時間をかけて議論を進めていかねばならない。〔鈴木〕

引用・参考文献
1) 経済産業省資源エネルギー庁:原子力2004 (2004)

原子力　10

地震が多い地域に原発はできない？

→ 関連：原子力 03, 15

　2007年7月の中越沖地震では，柏崎・刈羽原子力発電所で4基，2005年8月の宮城県沖地震では，女川原子力発電所3基がすべて自動停止してしまい，その原因は設置許可の安全審査で想定されていた地震動を超えていたことがわかった。

　原子力発電所を建設する場合，地震によって生じる原子力事故の危険性があることから「発電用原子炉施設に関する耐震設計審査指針」という耐震設計が定められている。1981年にまとめられていたが，その後，原子力安全委員会による見直し作業が2001年から始まり，ようやく約5年近くの検討の後2006年9月に改訂した。

　この基本指針によれば，地震によってその安全機能が損われることのないように設計されねばならず，建物は十分な支持性能を持つ地盤に設置しなければならない。なお，この改訂で初めて"残余のリスク"という，策定された地震動を上回る状況が起ることにより，公衆に放射線などによる災害が起るリスクについて記載された。

　地震動は，具体的には，敷地周辺の活断層（最近の地質時代に繰返し活動し，将来も活動する可能性のある断層）を調査して起りうる地震動の大きさを求め，モデルなどを用いて評価する。

　この指針を踏まえて原子力安全・保安院は，各原子力事業者に対して評価を行うことを求めた。今後，遅くとも2009年末までに結果が出る予定になっている。

　今回の見直しによって，例えば活断層の評価期間が5万年から13万年以降に変わったが，問題が発覚した場合，稼動している原子力発電所は現実的に簡単に止まるのだろうか。最初の審査指針が出る以前に稼動していた28基の原子炉は，そのまま止められることもなく現在も稼動している。また2006年3

月，北陸電力志賀原子力発電所2号機において，"耐震設計に不備がある"として運転差し止めが認められたものの，電力会社は止めないと発言した。さらに2006年6月，中国電力島根原発で，同電力会社が活動は見つからないとしていた場所で活断層があることがわかり，マグニチュード7クラスの地震の可能性があることが研究者から指摘されたものの，電力会社は運転を止めてはいない。地震がある地域でも原発があるのが実態である。

　地震予知に関する調査・観測などを行う国土地理院長の私的諮問機関である地震調査研究推進本部によれば，日本全国に8か所の特定観測地域と，南関東，東海地方の観測強化地域を選定している。図1に示すが，九州，北海道電力を除くほかの電力会社による原子力発電所が，この地域に入っていることがわかる。〔勝田〕

特定観測地域
1. 過去に大地震があって，最近大地震が起きていない地域
2. 活構造地域
3. 最近地殻活動の活発な地域
4. 社会的に重要な地域

観測強化地域
(異常が発見された場合に，さらに観測を強化して，異常を確かめる地域)

北海道東部
秋田県西部
山形県西北部
新潟県南西部
長野県北部
宮城県東部
福島県東部
長野県西部
岐阜県東部
島根県東部
南関東
東海
名古屋・京都・大阪・神戸地区
伊予灘および日向灘周辺

図1 特定観測地域・観測強化地域[1]

コメント 地震国に原発はむりか，それとも技術力で安全は確保できるのか。この問題も，社会合意が必要な課題として，データを徹底的に公開し，十分な議論をしていかなければならない。〔鈴木〕

引用・参考文献
1) 地震予知連絡会 web ページ, http://cais.gsi.go.jp/YOCHIREN/JIS/chizu.html

原子力　11

日本では核テロリズムが起きない？

　2001年9月11日米国同時多発テロは，世界に衝撃を与えた。それまで，現実のものとは考えられていなかった核物質を扱う"核テロリズム"も，現実のリスクとして考えなければならなくなった。

　核テロリズムで最も恐ろしいのは，テロリストが核爆発装置（あるいは核弾頭）を入手し，ニューヨークやワシントンD.C.など，大都市で爆発させるというシナリオである。この恐怖のシナリオは，テロリストが核物質を入手でき，かつ核爆発装置を作る技術能力があり，そしてそれを秘密裏に輸送し爆破する能力を持つことが必要となる。大規模な資金や施設がないテロリスト集団では，核爆発装置を製造する過程で被ばくや誤爆による事故も考慮に入れなければならず，テロリストにとってもリスクは高い。それより，有毒ガスや細菌を用いた"化学テロ"・"生物テロ"のほうが現実的ではないか，と見られてきた。しかし，核物質の紛失事故，パキスタンのカーン博士による闇貿易ネットワークの存在に加え，アル・カイダが実際に核兵器取得を考えていた証拠も見つかり，核テロリズムのリスクはもはや"仮想"の域を超えて，現実のリスクと考えられるようになった。

　これに対し，国際社会は大量破壊兵器の拡散防止に向けさまざまな対策をとり始めた。まず，2003年5月，米国は"拡散に対する安全保障構想（proliferation security initiative: PSI）"と呼ばれる大量破壊兵器拡散防止のための国際協力プログラムを主要国に呼びかけた。また，国連では安全保障理事会決議1540号を2004年4月に採択し，すべての国に対し以下のような点を義務付けている。① 大量破壊兵器およびその運搬手段の開発などを企てる非国家主体に対し，いかなる形態の支援も控えるべきこと，② 特にテロリストによる大量破壊兵器およびその運搬手段の製造などを禁止する適切で効果的な法律を採択し，執行すべきこと，③ 大量破壊兵器およびその運搬手段の拡散を防止するため，

国境管理や輸出管理措置を確立すること。

　これらのテロリズム対策に対し，日本はPSIに積極的に参加し（**図1**），安全保障理事会決議1540号に従い，国際規制も強化された。テロ対策を考える上で，どのようなテロを想定するか，という"設計基礎脅威（DBT）"という概念も導入された。これは，日本には核兵器の材料にもなるプルトニウムが5トンもあり（8 kgで原爆1個分），六ヶ所村の再処理工場が運転を開始すれば，さらに年間最大8トンものプルトニウムが回収されることになることも影響している。すでに，読者の皆さんが知らない間に，日本でも核テロリズムは起きるかもしれない，という想定で法制度や訓練が行われているのである。今後は新聞記事やニュースにも注意が必要だ〔鈴木〕

図1 わが国主催の"拡散に対する安全保障構想(PSI)"海上阻止訓練"チーム・サムライ04"

コメント　国際化の社会にあって，日本はある意味取り残されてきたとの感がある。あのキリスト教の伝統のある欧州ですらイスラムの波に洗われている。そして米国ではオバマ氏が大統領となり，ブラック，そしてヒスパニックへと視点が変化している。その中にあって日本は"非武装"な独立した"島国"のままいられるのだろうか？　過去には"赤軍"やオウム真理教による事件もあったというものの，すでに過去のものとなりつつあり，危機感は乏しい。しかし，エネルギーに関するセキュリティを考えると，いまこそ日本の政治が問われるべき時期にきているのだろう。〔小島〕

引用・参考文献
1) 外務省webページ，http://www.mofa.go.jp/mofaj/gaiko/fukaku_j/psi/samurai04_k_03.html

原子力 12

東海村 JCO 臨界事故は教訓になった？

➡ 関連：原子力 04, 05, 15

　1999 年 9 月に起きた東海村 JCO 臨界事故は，衝撃的であった。それまで，原子力施設事故で死亡者を出したのは，1986 年の旧ソ連チェルノブイリ事故のみで，日本ではあのような事故は起りえない，といわれていた。チェルノブイリ事故当時，日本の原子力発電所の稼働率は世界でもトップのパフォーマンスを誇っており，その言葉にうそはなかったであろう。事実，あの事故を契機に，国際原子力機関（IAEA）が"安全文化"の普及を提唱し，産業界でも日本をはじめ欧米の原子力安全文化を旧ソ連・東欧に広めていく世界原子力発電協会（WANO）という組織が設立され，90 年代にかけて"安全文化"は原子力業界の共通語となったのである。

　そんなとき，日本では 1995 年に高速増殖炉原型炉"もんじゅ"のナトリウム漏洩事故，97 年に東海村再処理廃棄物処理施設爆発事故などが相次ぎ，"安全神話"に黄信号が灯っていた。そして，99 年，JCO 臨界事故により日本で初めての原子力施設事故による死亡者が出てしまった。この事故を契機に，安全規制の見直しや産業界ではニュークリア・セーフティ・ネットワークの設立など，日本の"安全文化"の見直しが図られた。しかし，2002 年 8 月には東京電力原子力発電所点検データ捏造事件が起き，東京電力の原子力発電所が一時すべて停止という状況までになった。さらに，2004 年には関西電力福井原子力発電所蒸気配管爆発事故が起き，再び死亡者を出してしまった（図 1）。

　このような情勢を踏まえ，原子力規制体制は再び見直しがされ，2003 年には原子力安全基盤機構が新たに設立された。産業界でも，2005 年に日本原子力技術協会が設立され，安全文化の醸成，強化に向けて，産・官ともに新たな体制で臨むことになった。日本の原子力発電所の安全実績は，統計上は依然世界でもトップクラスのパフォーマンスを示している（図 2）。しかし，ここ 10 年間で相次いだ原子力関係の事故・不祥事により，原子力安全性に対する社会

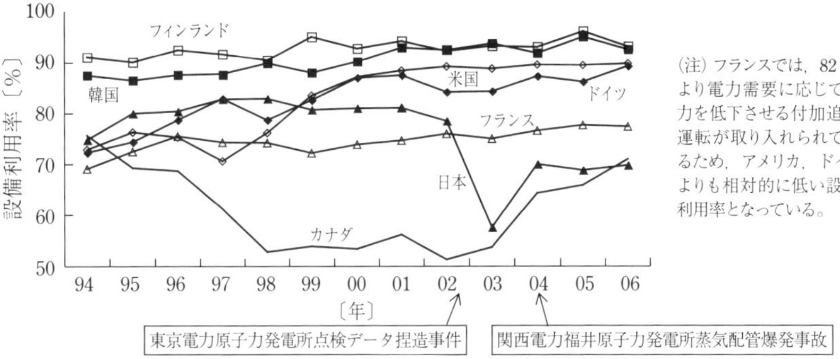
100
90
80
70
60
50
設備利用率〔%〕
フィンランド
韓国
米国
ドイツ
フランス
日本
カナダ
94
95
96
97
98
99
00
01
02
03
04
05
06
〔年〕
東京電力原子力発電所点検データ捏造事件
関西電力福井原子力発電所蒸気配管爆発事故

図 1　設備利用率の推移[1)]

(注) フランスでは，82 年より電力需要に応じて出力を低下させる付加追従運転が取り入れられているため，アメリカ，ドイツよりも相対的に低い設備利用率となっている。

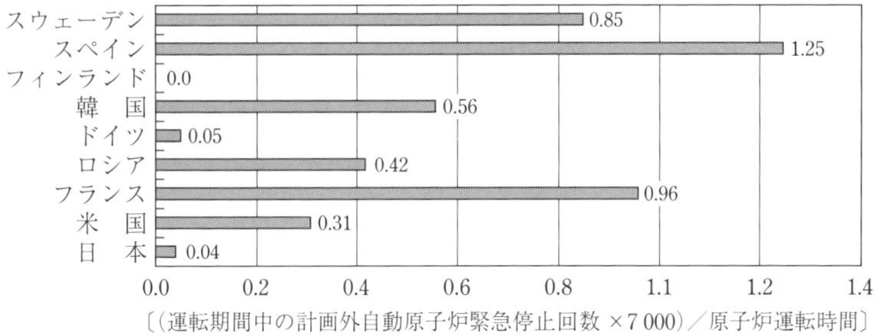
スウェーデン
スペイン
フィンランド
韓　国
ドイツ
ロシア
フランス
米　国
日　本
0.85
1.25
0.0
0.56
0.05
0.42
0.96
0.31
0.04
0.0
0.2
0.4
0.6
0.8
1.0
1.2
1.4
〔(運転期間中の計画外自動原子炉緊急停止回数 ×7 000)／原子炉運転時間〕

図 2　計画外停止の頻度（2004 年）[2)]

の信頼感は，大きく失墜してしまった。この 10 年間の教訓を踏まえて，新たな体制のもと，原子力に対する社会の信頼感を回復させることが，規制当局や産業界に課せられた課題であろう。〔鈴木〕

コメント　事故は事故を起した人の責任。車が原因となる年間交通事故死者数は，列車事故あるいは飛行機事故死者数に比べ格段に多い。しかし，社会問題として大きく取り上げられるのはむしろ列車事故や飛行機事故である。さてエネルギーに関する事故。数十年前までは日本でも炭坑事故で多くの人が亡くなった。現在でも他国の炭坑では同様な事故がある。確かに一度事故が起きれば取り返しがつかない。チェルノブイリは大きな被害をもたらしたし，JOC の事故はあった。さあ，どちらが安全といえるのだろうか？　人類はどう選択すべきなのか。〔小島〕

引用・参考文献

1) 原子力委員会：平成 19 年版 原子力白書（2008）
2) IAEA 資料

原子力　　　　13

放射線と放射能は一緒？

➡ 関連：原子力 08

　放射線と放射能は言葉は似ているが，その意味は違うものである。

　物質はすべて，原子核と電子で構成される原子から成り立っている。原子核を回る電子を原子核からはじき出すだけのエネルギーを持つ粒子や電磁波を"放射線"という。例えばアルファ線（ヘリウムの原子核），ベータ線（電子），中性子，そしてX線，ガンマ線などである（単位：電子ボルト，eV）。また，人体への影響は放射線の種類によって変わり，この場合は線量当量という（単位：シーベルト，Sv）（図1）。この量は，物質が吸収するエネルギー量（単位：グレイ，Gy）と，放射線の種類によって値の異なる線質係数との積で示される。

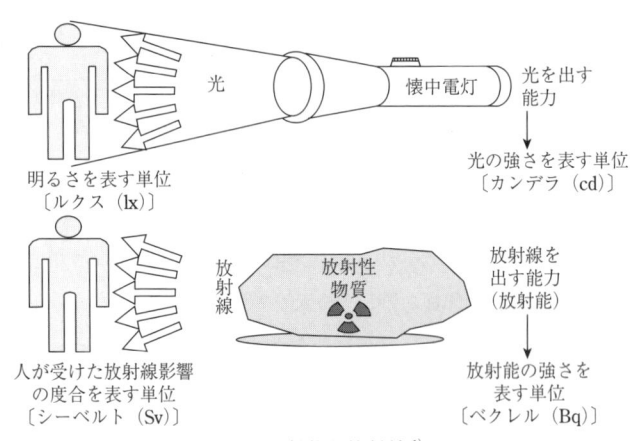

図1　放射能と放射線[1]

　"放射能"は，物質が自発的に放射線を放出する性質をいう。不安定な原子核は2個以上に分裂するが（崩壊），この時間当りの崩壊数で放射能の大きさは表される（単位：ベクレル，Bq）。

　新聞などで"放射性物質"という言葉を目にするときがあるが，正確には"放射性核種"のことをいう。これは，アルファ崩壊（アルファ線を出しながら崩壊すること），ベータ崩壊（電子を放出しながら崩壊すること）などの放射性

崩壊を起す核種をいう。つまり"放射線を出す物質" = "放射能を持つ物質" = "放射性物質"（放射性核種）といえる。この放射性核種は，自然界に存在するもの（原子力 08「自然放射線は無視してよい？」の項参照）と，人工的な核反応で生成するものがある。例えば原子力発電の燃料に使うウランは前者だが，プルトニウムは核反応の結果生まれるので後者となる。なお，放射性物質そのものを放射能という場合もある。

つぎの文章で，放射線と放射能との区別がつくだろうか。"1999 年 10 月，茨城県東海村の核燃料加工工場 JCO でウラン溶液が臨界に達した。発生した中性子は建屋や周囲の家屋を突き抜け，当時は約 30 万人が避難した。そして住民だけでなく，土壌や農作物などに対して被ばくの検査が行われた。"

ここで "ウラン溶液" は放射能，"中性子" は放射線である。また，建屋内のウラン溶液の容器などは，中性子やガンマ線の入射によって放射能を持ってしまった。また "土壌" や "農作物" を検査したのは，物質そのものが放射能を持ったか，または放射性物質が付着したことを調べるためである。

なお，人間が放射線を浴びることを外部被ばくという。これを避けるには，距離を置く，浴びる時間を短くする，遮蔽をするなどの対策が不可欠である。また体内に摂取した場合は内部被ばくといい，放射性物質を含んだ空気や水，食物の摂取，傷口からの吸収がある。〔勝田〕

> **コメント** "放射能" "放射線" という言葉だけで "恐怖" を感じる人は多いだろう。原爆の恐怖を味わった人類として，この言葉から恐怖を感じるのは決して不自然ではない。一方で，宇宙からも放射線は地上に到達する。このようなバックグラウンドレベルの放射線量に近い放射線量を問題視する必要はない。また，ラドン温泉やレントゲン写真のように生活に身近な技術でもあり，その恩恵を実感している人も多いだろう。いずれにせよ，正確な知識で理解を深めていくことが重要だ。〔鈴木〕

引用・参考文献
1) 電気事業連合会：原子力・エネルギー図面集（2007）

原子力　　　　14

原子力発電は将来を担うエネルギー源？

→ 関連：原子力06

　原子力発電がまだ本格的に実用化する以前，原子力船や原子力自動車が動き，原子力飛行機や原子力ロケットが飛ぶイメージが本気で考えられていた。しかし現在はそのような状況には至っていない。原子力は，電源としての用途がほとんどで，一部が動力源として船や潜水艦に使用されている。

　日本国内では，2008年末，55基の原子力発電所が存在している。経済産業省の"電力供給計画"によれば，あと14基が計画されている。「原子力白書」では，既設の軽水炉は40〜60年で廃炉になり，2030年前後から現行の原子炉を"改良"したものに順次代替し，2050年頃から高速増殖炉の導入をする計画である（図1）。右肩上がりの原子力発電の導入を，という見通しは消え，ある一定のレベルを維持することになったようである。また"電力供給計画"でも，ほとんどの原子力発電所は，毎年のように着工年月を延期している。

　高度経済成長を終えた現在，大きな電力需要がない状況では，1基当り100

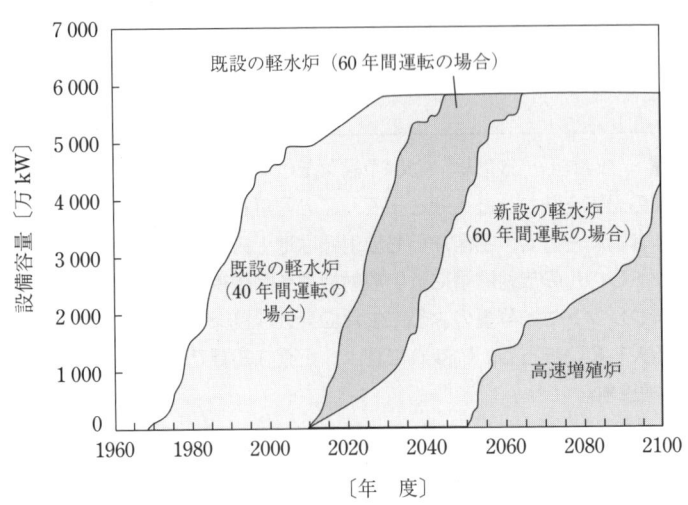

図1　原子力発電の中長期の方向性[1]

万 kW という原子力発電は大きすぎ，また電力自由化の中では短期の投資回収が望まれるため，建設までに多額の費用や時間を必要とする原子力発電は敬遠されるという傾向があるようである。

一方，世界の見通しはどうだろうか。国際エネルギー機関（IEA）は，2006年の中長期エネルギー展望において，従来の報告とは違い，これからの原子力発電を積極的に評価している。国際原子力機関（IAEA）も，将来的に今後はアジアなどで原子力発電による電力がますます必要になるとしている。傾向としては，先進国においては，地球温暖化対策としての必要性がますます叫ばれるかもしれない。一方，新規の原子力発電所の建設を目指す途上国に対しては，核不拡散上の懸念が他国から起ることが考えられる（原子力 02「核の民生利用と軍事利用は区別できるの？」項参照）。

なお，電源用としてだけではなく"水素製造用"という視点からの利用も検討されている。これは，原子力エネルギーの生み出す高温の熱で水を分解して水素を作ろうというものである。しかし放射能と同時に可燃物の水素を扱う技術的困難さ，または放射性物質トリチウムと生成された水素との隔離など，課題も多い。〔勝田〕

> **コメント** 原子力発電を将来のエネルギー源として考える場合，とかく"原子力か，自然エネルギーか"の二者択一のような議論に陥りがちである。自然エネルギーや省エネをさらに拡大していくことも重要であるが，原子力がない場合の制約が大きいことも事実だ。一方，原子力発電を"電源のエース"と呼んで，過度に依存するのも，問題がある。巨大な電源ゆえ，事故や地震などで長期停止したときの弊害も大きいからである。将来のエネルギー源は，それぞれのメリット，デメリットを十分理解して，多様なエネルギーミックスを実現していくことが重要である。世界的に見ると，原子力発電は総発電量の 17 %程度である。将来を担うためには，さらなる拡大が必要であるが，その課題は大きい。〔鈴木〕

引用・参考文献
1）原子力委員会：平成 17 年版 原子力白書（2006）

原子力　15

原子力は本当に安全？

→ 関連：原子力 03, 04, 10, 12

"原子力発電は必要だろうけど，危険性が怖い"という意見は多いようである。例えば2004年10月実施の経済産業省"エネルギーに関する世論調査"では，"原子力政策に関して，いままで以上に推進すべき事項はなんだと思いますか。"という設問に対し，最も多かった意見が"より厳重な安全対策"であった。

世界的に見て，原子炉で周辺環境に多くの被害をもたらした事例といえば，1979年の米国・スリーマイルアイランド原子力発電所2号炉事故，1986年の旧ソ連・チェルノブイリ原子力発電所4号炉事故が挙げられる。事故の国際原

表1　国際原子力事象評価尺度

	レベル	基準（最も高いレベルが当該事象の評価結果となる）			参考事例 (INESの公式評価でないものが含まれている)
		基準1：所外への影響	基準2：所内への影響	基準3 深層防護の劣化	
事故	⑦ (深刻な事故)	放射性物質の重大な外部放出 (ヨウ素131等価で数万TBq相当以上の放射性物質の外部放出)			チェルノブイリ原子力発電所4号炉事故 (1986年)
	⑥ (大事故)	放射性物質のかなりの外部放出 (ヨウ素131等価で数千〜数万TBq相当の放射性物質の外部放出)			
	⑤ (所外へのリスクを伴う事故)	放射性物質の限られた外部放出 (ヨウ素131等価で数百〜数千TBq相当の放射性物質の外部放出)	原子炉の炉心の重大な損傷		スリーマイルアイランド原子力発電所2号炉事故 (1979年)
	④ (所外への大きなリスクを伴わない事故)	放射性物質の少量の外部放出 (公衆の個人の数mSv程度の被ばく)	原子炉の炉心のかなりの損傷／従業員の致死量被ばく		東海村JCO臨界事故 (1999年)
異常な事象	③ (重大な異常事象)	放射性物質のきわめて少量の外部放出 (公衆の個人の十分の数mSv程度の被ばく)	所内の重大な放射性物質による汚染／急性の放射線障害を生じる従業員の被ばく	深層防護の喪失	東海村再処理施設火災事故 (1997年)
	② (異常事象)		所内のかなりの放射性物質による汚染／法定の年間線量限度を超える従業員の被ばく	深層防護のかなりの劣化	美浜発電所2号機蒸気発生器伝熱管損傷 (1991年)
	① (逸脱)			運転制限範囲からの逸脱	高速増殖炉実験炉もんじゅ火災事故 (1995年)
尺度以下	⓪ (尺度以下)	安全上重要ではない事象		0+ 安全に影響を与え得る事象	
				0− 安全に影響を与えない事象	
	評価対象外	安全に関係しない事象			

※　Sv（シーベルト）は，放射線が人体に与える影響を表す単位。m（ミリ）は1/1000を表す接頭語。
※　Bq（ベクレル）は，放射線物質の量を表す単位。T（テラ）は10^{12}＝1兆を表す接頭語。

子力事象評価尺度（**表1**）では，おのおのレベル5，レベル7とされている。

日本では，このような原子炉にかかわる重大な事故は生じていない。しかし，1995年の高速増殖炉実験炉もんじゅ火災事故，1997年の東海村再処理施設火災事故，1999年の東海村JCO臨界事故（おのおのレベル1，レベル3，レベル4）は，発電所ではなく，周辺施設での事故であるものの，周辺地域には大きな不安を与えた。また2004年の関西電力原子力発電所蒸気配管爆発事故は，2次系配管の破損事故であり，原子炉の事故ではないが，犠牲者を出してしまった。このように，従来は"多重防護"で放射能を閉じ込めることが重要視されていたが，今後は周辺施設，および周辺設備の対策が大切と思われる。

では，原子炉そのものについては"日本の原子力は安全"といえるだろうか。世界的には，"異常停止"の回数が欧米より1桁少なく，安全率は高いといわれている。しかし，市民の"安心感"はこのような数字では満たされていない。それは，原子力に携わる技術者や事業者への不信感があるからだ。例えば2002年，東京電力が点検記録を虚偽報告していることが内部告発により明らかになった。これは原子炉の構造物にひび割れが生じていたものであったが，安全性に影響を与える程度のものではないと判断された。技術的には安全であっても，社会的に信頼されないと，原子力発電の運転はままならない。

以前は，"不安をあおる"として実施されなかった原子力発電所の防災訓練も最近は行われるようになった。地震（原子力10「地震が多い地域に原発はできない？」参照）や，テロの懸念もあり，技術的なリスクを正確に把握し，それを市民と共有することが求められる。〔勝田〕

> **コメント** 原発が安全かどうかは，最終的には"どれだけ安全なら安心するか"という社会的な合意が必要となる。どんなエネルギー技術にも"リスク"は存在し，安全はすべて"ほかのリスクとくらべてどうか""ベネフィットと比べてどうか"という"相対的"な比較で考えていくことになる。〔鈴木〕

引用・参考文献
1) 経済産業省資源エネルギー庁：原子力2005（2005）

電気・ガス　01

電気になるのはたった40％のエネルギー。では電気にするのは無駄？

　電気は便利なエネルギーである。私たちの日常生活に必要なエネルギーはすべて電気でまかなうことができるほど万能なエネルギーといえる。しかし，電気は天然資源や自然エネルギーを利用して発電により作られる2次エネルギーである。したがって，電気は必要なときに必要な分だけほかのエネルギー源を利用して発電しなければ得ることはできない。

　現在，日本では大きく分けて三つの発電方式（火力，水力，原子力）がある。これらは原料形態により分類されているものであるが，いずれも各エネルギー源から発生させた運動エネルギーを利用して回転式発電機から発電している点では同じ原理といえる。異なるのは運動エネルギーを得る方法である。水力は山間部から流れてくる河川水をダムなどでせき止めて水の落下エネルギーを利用してタービンを回転させる方法であり，自然エネルギーによる発電方式であるので，電気以外の利用は難しいエネルギー源である。原子力は核燃料の核分裂により発生する熱エネルギーで水を膨張させスチームタービンを回転させる方法であり，これも電気以外の利用は難しいエネルギー源である。火力は化石燃料を燃焼させてガスタービンや蒸気タービンを回転させる方法であり，燃料となる石油や天然ガスは輸送可能であり，発電所以外でのエネルギー利用も可能である。また，需要地点で熱エネルギーとして利用することも可能である。そこで，以下では石油や天然ガスから発電する方法を前提に"電気にする"ことの意義を述べてみたい。

　私たちの身の回りではさまざまなエネルギーが使われている。冒頭でも述べたとおり，電気という形が最も都合が良いが，平均的な火力（燃焼）方式によるエネルギー変換（発電）効率は約40％である。それでは60％は無駄にしているのか？　使い方によれば必ずしも無駄にはしていない。例えば，化石燃料で発電する場合，電気になるのは約40％であるが，発電と同時に発生する熱

を回収して暖房や給湯に用いることができればエネルギーを有効に利用することができる。このような電気と熱を同時に利用する方法をコージェネレーションといい，工場，ホテル，病院など熱需要の大きな施設ではすでに実用化されている。総合的なエネルギー利用効率は80％程度まで高めることも可能である。しかし，このように電気と熱を上手に使えるのは，その需給バランスが良い場合に限られており，多くの場合には電気需要のほうが熱需要を上回るので，発電効率はできるだけ高いほうが望ましい。最近，エアコンなどの電気機器に"COP3.0"とかいう数字を見ることがある。この"COP"は"coefficient of performance"の略で，機器に入力されたエネルギーによって，どれだけのエネルギーを出力できるかを数値で示した成績係数のことをいう。つまり，自動車の燃費のようなもので，1 kWの電力消費で1 kWの冷房能力を発揮すると［冷房能力÷消費電力］で，冷房COPは1となる。COP3.0となると，発電効率が33％であっても，その3倍の効率で冷房するということになり，エネルギー損失はほぼないということになる。ヒートポンプを使った電気機器は，最近COP3.0以上のものが出てきているので，発電での損失を補って省エネに貢献していることになる。

　では，電気以外に有効なエネルギーの利用形態はあるか？　というと残念ながら電気ほど効率良く利用できるエネルギーはほかにない。つまり私たちは，電気から変換された光，熱，音や動力などを利用しているので，電気になるのがたとえ40％であっても電気を利用する以外に方法はないのである。エネルギー有効利用の観点から考えると，電気になる効率をどこまで上げられるか？という課題に取り組み続けることが重要なのである。〔里川〕

コメント　電気が最も有効なエネルギー利用形態という考え方の背景には，電気でしか使えない利用形態が増えている，という面があるだろう。熱を直接利用する用途（例えば，湯沸かし）であれば，電気に変換する必要は当然ないからだ。一方で，電気の持つ便利さが今後ますます増えていくことが期待されるため，電気製品の効率改善は今後ますます重要になるだろう。〔小島〕

電気・ガス　02

分散型電源はクリーン？

　分散型，つまり小さい発電所がバラバラ存在すれば，クリーンな発電かというと，必ずしもそうではない。なぜなら，石炭発電システムが家庭にあるところを想像していただきたい。石炭から出る煤がもくもく立ち込め，"クリーン"からは程遠いイメージである。

　しかし，分散していることで，電気を使う場所に近いことから，送電ロスが小さくなり，また，発電の際に生じる熱を，給湯や暖房などに有効利用することができる（発電所が遠くにある場合，熱を輸送するのに一苦労である）。つまり，無駄になっていた部分を有効利用できるようになる，ということだ。発電の際に捨てられてしまうエネルギーは，発熱量ベースで約50〜65％程度であるから，その分の8割でも使えれば，その分ガスなどでお湯を沸かす必要がなくなり，かなりの省エネ効果が見込まれる。

　太陽光発電や風力発電など，その発電量が自然まかせのエネルギー源を本気で導入する場合，分散型エネルギーシステムがその可能性をぐんと広げてくれる。家の屋根に太陽光パネルを設置した場合，曇ったり晴れたりによって出力が変動する。通常，電力会社は需要の変動に応じて，火力発電の運転を調整するなどして供給とのバランスを保っている。供給と需要のバランスを保たないと，電圧や周波数などが変動してしまうからだ。これらが小さいうちは誤差の範囲に収まるが，大規模に普及が進むと，需要の変動に加えて，供給の変動が起ることになる。

　そこで，土地の自然エネルギー資源を有効利用しながら，基本的には地域内で独立した電力需給システムを構築する試みが，各所で進んでいる。青森県八戸市では，太陽光発電，風力発電といった"自然まかせ"の再生可能エネルギーに加えて，下水処理場の汚泥ガスを燃料とするガスエンジンと蓄電池を自営線でつないだマイクログリッドを構築する実験を行った（**図1**）。八戸市庁舎や

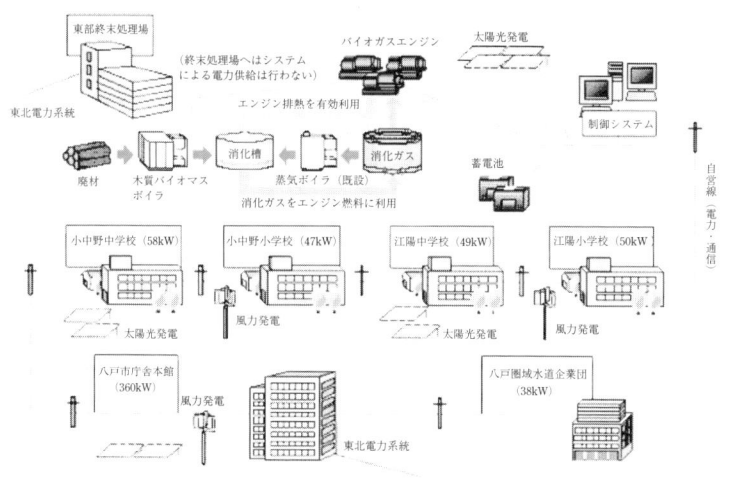

図1 青森県八戸市の「八戸市　水の流れを電気で返すプロジェクト」

学校の合計6施設に，再生可能エネルギーの電気を供給するのである．普段は不足分を東北電力から普通の電線を通じて購入していたが，2007年11月の8日間にわたり，マイクログリッドだけで自律的に運転が可能か，という実証実験が世界で初めて行われた．この実験は無事に成功したが，最終的に目指していた事業化に際してはコスト面で問題があり，事業化は断念している．

分散型であること自体は必ずしもクリーンではないが，八戸市の例に見られるような，地域の再生可能エネルギーを活用したマイクログリッドを構築するなどして，系統に負荷をかけない形での再生可能エネルギー導入を進める可能性を広げる，という意味で，クリーンとなり得る仕組みといえよう．〔高瀬〕

コメント　大型集中電源は，ますます立地が難しくなりつつある．一方で，集中型のほうが環境汚染管理や電力の需給変動への対応もより容易である．このように分散型電源と大型電源はそれぞれの特質を踏まえて，うまく組合せていくことが重要だ．〔鈴木〕

電気・ガス 03

夏のピークは高校野球が原因？

→ 関連：電気・ガス 06

　炎天下の8月中旬，甲子園の決勝戦は行われる。みんながエアコンをつけた涼しい部屋でテレビをつけて，甲子園の決勝を見るから，電力消費が上がる。これが，"甲子園夏のピーク説"の概要だ。

　そういわれると，そうなのかな，と思ってしまうこの"通説"，本当なのだろうか？　まず，図1に，日本全体の月別電量需要，図2に真夏のピーク日の時間別電力需要を示した。まず，7～8月に1年間のピーク需要が記録されること，そしてその時間帯は14～16時ごろであることがわかる。

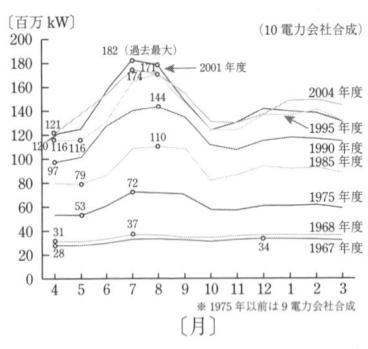

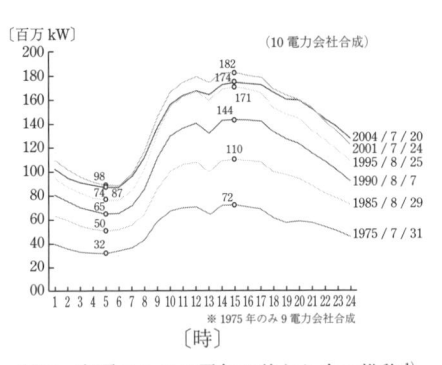

図1　1年間の電気の使われ方の推移[1]　　**図2**　真夏の1日の電気の使われ方の推移[1]

　では，このピークの原因は，"甲子園"，つまり，家庭でエアコンをきかせてテレビを見ることなのだろうか。この説に反論をする調査結果が図3である。これは，生協総合研究所が2002年7～12月の間，青森，宮城，神奈川，長野，大阪，神戸，広島，福岡の全103世帯に対し，簡単な機器を使って1時間ごとの電力消費量を調査したものである。これを見る限りでは，家庭における電力消費量は，朝起きて学校や会社に出かける準備をする7時台，そして帰宅してテレビを見たり家族団らんをする18～22時に山がくることがわかる。

　ただし，このデータは月ごとの平均値であるため，瞬間的な電力需要が問題

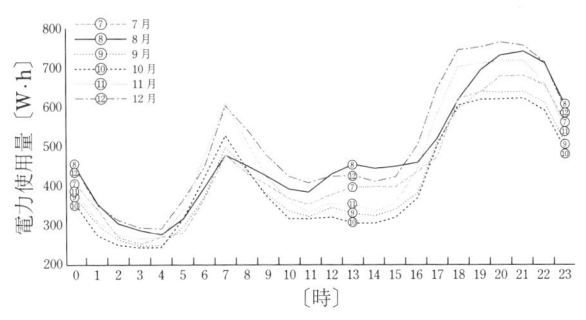

図3 1時間ごとの電力使用量の推移（全国8生協のモニターの平均値）[2]

となる"ピーク"については，明らかに甲子園，つまりエアコンとテレビが原因でないことが証明できたわけではない。

では，別の視点から見てみよう．家庭の電力消費は，世帯当り約 4 000 kW·h 程度といわれている．標準的なテレビの消費電力は，29 型で約 139 W，エアコンは 7 〜 10 畳用で 463 W [3]．日本の 2006 年度末世帯数の約 5 100 万世帯のうち，甲子園の視聴率である約 30 〜 40 ％がエアコンとテレビをつけていたとしたら，1 200 万 kW の電力需要が，この"甲子園効果"によって創出されたことになる．これに対して，現在の夏のピーク最高値は，2001 年 7 月 24 日の 1 億 8 200 万 kW であるから，ピークへの寄与は約 6.5 ％となる．つまり，少なくとも，ピークの電力需要の 90 ％以上は，ほかの原因が存在することになる．

最後に，日本の電力需要は，ざっくり計算して 4 割が産業，3 割が家庭，3 割が業務（サービス部門）である．また，前述の生協総合研究所の調査結果も考慮すると，夏のピーク甲子園説は，どうも眉唾であるといえよう．〔髙瀬〕

> **コメント**　電力の需要パターンは，意外と知られておらず，より詳細な分析をもとに，省エネの対策を練る必要がある．"夏の甲子園"説は，どうやら怪しいらしいということは，別のピーク対策を講じる必要があり，電力会社も政府もピーク需要の内容をより明らかにしていくことが必要であろう．〔鈴木〕

引用・参考文献
1）電気事業連合会資料
2）生協総合研究所資料
3）生活知恵袋 web サイト：http://www.seikatu-cb.com/index.html

電気・ガス　04

電力化は環境に優しい？

　オール電化は"エコ"だ，というコマーシャルを最近よく見かける。これは，環境に優しい（ecology）のエコなのだろうか，それとも経済的（economy）のエコなのだろうか。

　まずは，オール電化の二つの目玉，IHクッキングヒーターとガスコンロ，そして電気湯沸かし器とガス湯沸かし器を比較してみよう。

　まずは，目玉焼き1個を焼き上げるのに使うエネルギーが，かりに1 kJだったと仮定する。IHクッキングヒーターの効率はかなり高く，90 %。一方，ガスコンロの効率は50 %。ここまでで見ると，IHに分がありそうである。しかし，電気は発電の際に，その6割程度のエネルギーをロスしてしまう。それを考慮して，1次エネルギーという観点で見ると，IHの目玉焼きは2.8 kJ，ガスコンロの目玉焼きは2.0 Jのエネルギー消費となり，IHのほうがエネルギー多消費ということになる。しかし，地球温暖化の観点から問題となるCO_2排出量は，電気は原子力や再生可能エネルギーなど，CO_2を出さないエネルギーの比率も高いから，CO_2で見たらどうなるかわからない，という意見もあろう。そこで，2003年の日本の全電源からそのCO_2排出量を計算すると，IHは目玉焼き1個で0.12 gのCO_2を排出するのに対し，ガスコンロは0.10 gと，原子力や自然エネルギー分を考慮しても，ガスコンロのほうがCO_2を出さない，"環境に優しい"調理器具であることがわかる。これ以外にも，室内環境や使い勝手，または電磁波の問題などがあり，一概には評価できないが，電気だから無条件に環境に優しいとはいえないようだ。

　つぎに，シャワーを1分間浴びるのに使うエネルギーが，かりに1 kJだったと仮定する。目玉焼きの場合と違うのは，市販されている給湯器で比べると，エコキュートなどの電気給湯器は"ヒートポンプ"を利用しているのに対し，ガス給湯器は燃焼によって熱を得る形であることだ（ヒートポンプとは，エア

コンや冷蔵庫などにも使われている技術で，外の空気の暖かさや冷たさを，内側に移す，という方法である。冷蔵庫の後ろ側が熱いのは，その分の"冷たさ"を中に移動しているためである）。これだと，1 J の投入に対して，3〜4 J の熱を得られることができる。普通はロスによって，0.8〜0.9 J の熱しか得られないことを考えると，かなりの高効率である。

　では，シャワー 1 分間のエネルギーや環境への影響に戻ろう。前述のとおり，ヒートポンプ型の給湯器は効率が約 300 % といわれている。ヒートポンプ型でない給湯器は約 80 %，最近の高効率ガス給湯器は 95 % として計算してみよう。これに，また，電気の場合の 60 % の発電ロスを加味すると，1 次エネルギーでは，ヒートポンプ型電気湯沸かし器が 0.83 kJ，ヒーター型湯沸かし器が 3.13 kJ，高効率の都市ガス湯沸かし器が 1.05 kJ となった。つまり，電気にすること自体は省エネにはならないが，ヒートポンプ技術を使った電気湯沸かし器については，ガスより 25 % 程度効率が高い，ということになる。では，CO_2 排出量で見るとどうであろうか。ヒーター型の場合は，シャワー 1 分でガスの約 2.5 倍の CO_2 を排出するが，ヒートポンプ型にすると，ガスの約 7 割の CO_2 排出で済むことになる。さらに，エコキュートなど代表的なヒートポンプ型給湯器は，夜間電力，つまり，出力調整が難しい原子力の夜の発電分を活用してお湯を"作り貯め"する仕組みであることから，その分を考慮すると CO_2 排出量はより小さいものとなるだろう。

　ガスや LPG などから電気に切り替えることは，ガスコンロの場合は地球環境に少しだけ優しくなく，給湯器の場合は，ヒートポンプ型のエコキュートなどを導入する場合においては，地球環境に優しいことがわかった。〔高瀬〕

コメント　夜間電力は，揚水発電を組合せて効率を高めていたが，立地が難しくなってきたこともあり，電気給湯器の普及につながっている。ただし，原子力の比率が落ちると，夜間電力でも CO_2 を発生することになるので，要注意。また夜間電力で温めるため，翌日の夕方に使用するまでにお湯の温度が下がって追い炊きをした場合には，効率が落ちる可能性もある。〔鈴木〕

電気・ガス　05

省エネしたら電力会社は儲からない？

「電気は大切にね。」関東在住の人は，こんなキャッチフレーズで電力会社が省エネを呼びかけているコマーシャルを見たことがあるだろう。電力会社は電気を売っている会社なのに，それを使わないコマーシャルをするなんて？　と不思議に思った方も多いだろう。

ここで，電力会社が普通の会社と違うところを思い出していただきたい。それは，電力会社は"供給義務"を課されている，ということである。欲しいといわれたら，売らなくてはいけない。普通の会社であれば，儲けにならない場合は売らないだろう。短期的に赤字で売る場合も，長期的にシェアの拡大などによって儲けが見込まれるから売るのである。一方，電力会社は，どんな僻地であっても電線を引かなくてはならないし（一部を消費者が負担する場合もあるが），冷房をみんなが使い出したら，その分の設備を増強しなくてはならない。

一方で，夏の昼間に冷房によって電気の需要が上がったとしても，夜中はあまり電気が使われなかった場合，せっかく作った設備が有効利用されないことになる。特に，原子力発電は，ちょうどいい核分裂の度合いを保つことが重要なため，需要が少なくなったからといって，それに応じて出力をまめに調整することが難しい。よって，原子力発電比率が上がれば上がるほど，夜の余剰電力が大きくなることになる。

そこで，電力会社は設備が無駄にならないよう，昼間の省エネとオール電化を呼びかけている。オール電化の場合，特に給湯を夜間の余った電気でいったん沸かし保温しておくことで，電力需要の谷を少し押し上げようというのである。一方で，夏のピークの13～16時には，省エネを呼びかけている。これは，供給義務を課された企業としては，無駄な設備コストを下げるための合理的行動なのである。

しかし，電力会社が企業の合理的行動として進める省エネでは，本当は不十

分といえる。24時間つけっぱなしの冷蔵庫の場合，夜間も使っているため電力会社としてはこの省エネは得にはならない。しかし，電気の利用側にとって見れば，かりに電気代が半分になるようだったら，少し高くても効率的な冷蔵庫にしたほうが得になる（図1）。さらに，地球温暖化防止のための京都議定書の数値目標（90年比マイナス6％）を守るために，省エネよりもコストの高い政策をとるなら，政府としては少し補助金を出しても，オフィスビルなどに省エネ機器を導入してもらったほうが得になるだろう。

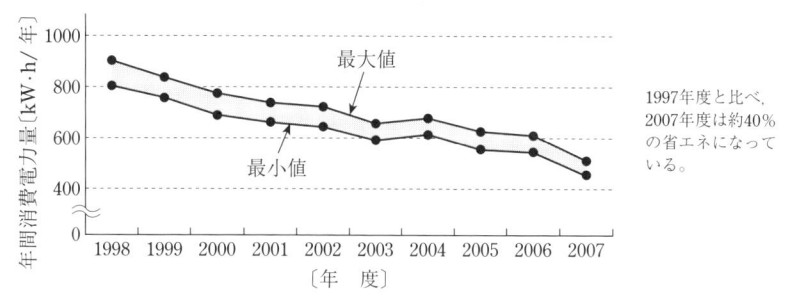

1997年度と比べ，2007年度は約40％の省エネになっている。

このデータは年度ごとに定格内容積401〜450 l の冷蔵庫（特定の冷蔵庫ではない）の年間消費電力量を推定した目安であり，幅を持たせて示してある。

図1　冷蔵庫の省エネ性能の推移（日本電気工業会調べ）

電気を売る側（電力会社）にとって得する省エネの範囲は大変狭い。カナダや米国にて行われている"統合資源計画"のように，電力会社がより多くの合理的省エネを進めることを促す仕組みが必要だ。〔高瀬〕

コメント　統合資源計画とは，発電側のみならず，消費者側の省エネも含めて，最も効率の高い電源の組合せを算出する計画のことである。米国では80年代に，発電所を建てるより省エネのほうが経済的であると見なされれば，その投資額も料金組入れの対象として認められる規制が導入されていた。そういった仕組みにより，電力会社も省エネ投資を進めることができたのである。

この計画はDSM（demand side management）と呼ばれるが，電力市場の自由化とともに米国でも一時減退した。しかし，温暖化対策で最近再び注目をあび始め，省エネのインセンティブをどう制度として組み込むかが検討され始めている。〔鈴木〕

電気・ガス　06

夏のピークに原発は役に立つ？

➡ 関連：電気・ガス 03

　ピークというのは，山のてっぺんという意味である。つまり，真夏の13〜16時ごろ，恐らくオフィスビルなどにおける冷房消費を中心に，日本全体で電力需要がぐんと大きくなる（**図1**）。この山の部分をまかなっているのは，おもに火力発電や揚水発電といわれている。原子力発電は，ちょうどいい核分裂を保たなくてはならないので，需要に合せて出力を細かく変動させることができない。つまり，夏のピークには原発は役に立たないのだ。

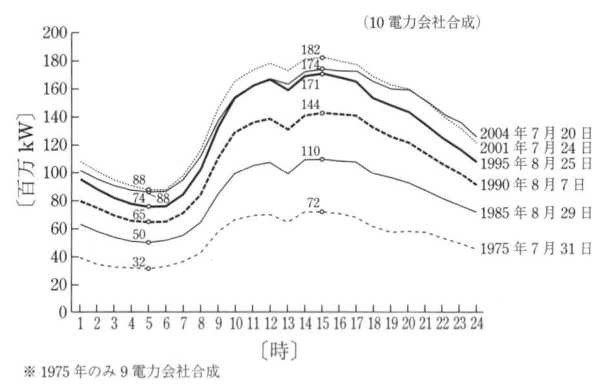

図1　真夏の1日の電気の使われ方の推移（電気事業連合会調べ）

　図2は，山のどの部分になんの発電方式で対応しているかを示したイメージ図である。出力を調整することが難しい原子力発電は，一番底の部分を担っている。つぎに，調整が可能な石炭火力（火力の中では一番安い），石油・天然ガス（燃料代が高い）は，いらないときには発電を抑える調整用となっている。そして，山の頂上の部分は，揚水発電が担っている。揚水発電とは，夜余ってしまった電気，つまり出力調整することのできない原子力発電の電気を使って，夜中にダムの下の水を，ポンプで上に汲み上げ，必要なときにダムの堰を開けることで水力発電を行う，というものである。

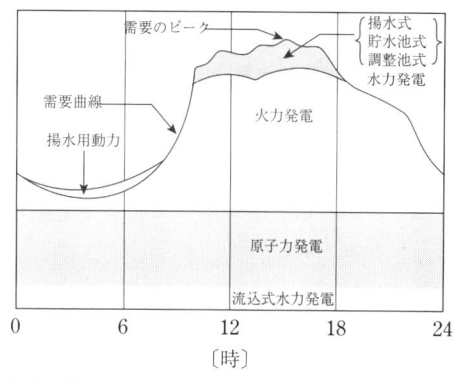

図2 需要の変化に対応した電源の組合せ（ベストミックス）[1]

　ただし，揚水発電は，一度発電した電気を使ってダムの水を汲み上げ，またその水の高低差を使って発電する，という2段階の仕組みであり，もちろんロスが発生する。そのロスは約3割といわれており，それだけ聞くと"もったいない！"と思うが，火力の出力調整によるロスを考慮すると，十分ペイするという。

　ピークの時間帯と同じ時間帯に発電する電源としては，太陽光発電が存在する。太陽光発電は天気によってその出力が左右されてしまうため，完全にこれでピークをまかなうことはできないにしろ，ピークを補う役割は担ってくれそうである。もちろん，現状では5～7倍ともいわれる発電コストの高さがネックになってくるが，普及による学習効果で安くなることを見越すならば，ピーク補助のためにも，地球温暖化対策としても，太陽光発電の育成を行うことに損はなさそうである。〔高瀬〕

> **コメント**　原子力発電と太陽光発電は，その特性からいっても，果たす役割は大きく異なる。いわば，先発ピッチャーとリリーフエースを比較するようなもので，両者とも重要な電源であることを十分認識すべきだろう。また，ピーク負荷を下げるための措置とピーク用電源のコストを十分比較して，より効果的で経済的な措置を導入していくことが望まれる。〔鈴木〕

引用・参考文献

1) 経済産業省資源エネルギー庁：原子力2007（2007）

電気・ガス　07

電力は輸出入できない？　貯蔵できない？

➡ 関連：電気・ガス 08

　国境をまたがる電線さえあれば，電力は輸出入できる。国境が陸続きのヨーロッパなどでは，かなりの電力が輸出入されている。原子力発電の比率の高いフランスなどは，発電電力量の約 12％を輸出している（**図1**）。

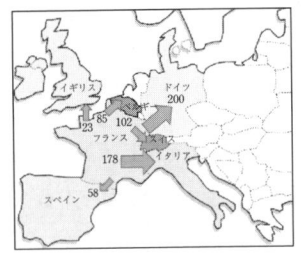

フランスからの輸出電力量(A)	645 億 kW·h
フランスの発電電力量(B)（送電端）	5 405 億 kW·h
輸出比率(A／B)	12%

※ 四捨五入の関係で合計値が合わない場合がある

図1　フランスを中心とした電力の輸出入[2]（2003 年）

　では，日本ではどうか。海に囲まれた日本では，いまのところほかの国と接続した電線が存在しない。しかし，お隣の韓国と海底ケーブルでつなぎ，日本の電気を売ったり，韓国の電気を買ったりという構想もないわけではない。また，韓国だけではなく，北朝鮮や中国ともつなぐことで，ヨーロッパのような地域内の電力融通体制を整えるということも，十分可能である。

　電力は貯めることもできる。自動車のバッテリーは，エンジンを動かすときに発電も同時に行い，その電気を貯めておく。その電気を使って，エンジンの点火やエアコン，ラジオなどを動かしたりする。また，揚水発電といって，電気の余っている時間帯にダムの水を電気で汲み上げておき，足りないときに放出されることで水力発電を行うものについても，電力貯蔵の一つの方法だろう。

　さらに，水を電気分解して酸素と水素にし，水素を燃料として使うことも，かなり前から研究されてきた。あるプロジェクトでは，カナダの豊富な水力発電の電気によって水を電気分解し水素を製造，液化して運搬しヨーロッパで燃料電池に利用する，というフローの実験を行った。その場合，発電コストが約 2.5 円／kW·h，利用時のコストが 18.3 円／kW·h（熱量ベース）であった。日本の家庭用電力価格が平均約 25 円であることから考えると，べらぼうに高い

というわけではなく，実用化も不可能ではなさそうだ。また，砂漠に大規模太陽光発電を設置し，その電気によって水を電気分解して作った水素を都会で使うという構想も議論されている。

"でも，そんなにいろいろなプロセスを経たり，輸送したりしたら，ロスがたくさん出るでしょ？"と思った人も多いだろう。確かに，従来型の蓄電池は4割くらい無駄になってしまうし，揚水発電も3割が無駄になってしまう。水素については，輸送も入れると7割程度が失われてしまう（水の電気分解に使った電力量に対する需要側で得られる電力量）[1]。ということで，なかなか有効な貯蔵方法がないのがこれまでであった。そんな中，電力貯蔵技術開発も急速に進みつつある。例えば，ロスが5％という"夢の"技術が実用化されつつある。（電気・ガス08「電気は貯められないから発電所がたくさんいる？」参照）。

電気は電線さえつながっていれば輸出入でき，最新の効率的な技術を使えば，少ないロスで貯めることだってできるのだ。〔高瀬〕

コメント1 日本は島国だから電力輸入はできない，と頭から否定している人が多い。英国は上記のように，ガスも電気も大陸とつながっており，輸出入が可能だ。アジアでも，このようなエネルギーネットワークを広げていく提案がなされており，長期的な対策として検討に値するのではないか。〔鈴木〕

コメント2 もう一つの究極の技術は高温超伝導だろう。20数年ほど前にこれまでの常識を超える"高温"での超伝導現象が発見された。いずれも銅酸化物高温超電導体であり，ペロブスカイト構造をしている。しかし，"高温"といっても，–195.8℃（= 77 K）以上を指すだけである。なぜこの温度か？ 液体窒素の沸点がこの温度だからである。現状ではこの温度を保持するためには相当のエネルギーが必要となる。もっともっと，常温に限りなく近い温度で，超伝導現象が発見されたなら，電線で世界をつなぐこともできる。そして昼の地域で発電された電気を，夜の地域に運んで使うこともできるはずである。〔小島〕

引用・参考文献
1) WE-NET 平成8年度成果報告
2) 海外電気事業統計 2005年版

電気・ガス　08
電気は貯められないから発電所がたくさんいる？

➡ 関連：電気・ガス 07

　エネルギーが普通の商品と異なる点はなにか？　よくいわれるのが，"エネルギーは貯められない"という特徴だ。それでも，石油や石炭などの燃料なら"備蓄できる"ということはわりと知られている。ガソリンタンクが空になったら，ガソリンスタンドに行けば，補給することができる。でも，停電になったときは，そうはいかない。電力会社が復旧作業している間は，ろうそくや懐中電灯が頼りだ。こういう体験をすると，"電気は貯められない"という実感が湧くのは無理ない。

　でも，電気ももちろん貯められるのだ。乾電池がその典型だ。最近では，再充電ができる乾電池も出てきている。問題は，その量が少ないし，充電するのに時間がかかるため，いざというときに役立たない，ということが多いから，"電気は貯められない"と思ってしまうのだ。自動車にもバッテリーがついているのはよく知られているが，冬の寒い朝，そのバッテリーが上がってしまうと，車のエンジンがかからなくなって往生してしまう。ことさら，電気を貯めるのは難しいのだ。

　電気を大量にまた安く貯めることはできないのか。この技術開発には，国，電力会社，メーカーなどがこれまでも挑戦してきた。最近になって，新しい技術として注目され始めたのが，"キャパシタ"である。電池は化学反応を利用して蓄電するが，テレビやラジオに昔から使われているコンデンサは電気を電子のまま蓄える。それの非常に容量の大きなのが作られるようになった。その名も"電気2重層キャパシタ"。キャパシタとはコンデンサの別名である。キャパシタは電池に比べ，エネルギー密度が約 $1/20$ と低く，大容量の蓄電・放電は実用的でないとされていた。しかし，電子回路との併用，さらには活性炭の膜を活用したナノテクノロジーにより，ブレークスルーが起きた。

　最も広く知られている応用は，ガソリンと電気モーターの併用で知られる"ハ

イブリッドカー"（**図1**）である。瞬時に電気を放電し，急な加速などに耐えられなければならない。また短時間での充電も重要な条件だ。このような条件を満たすスーパーキャパシタが実用化されたのである。まだ価格は高いが，夢は広がる。太陽電池や風力発電と組合せて，大容量の分散型電源や自家発電所ももっと自由にできるようになるかもしれない。発電所も需要の増減を気にせず，稼働率をいっぱい上げて運転し，十分に充電しておくことができるようになる。そうなれば，電力システムの効率は飛躍的に高まり，省エネに大きく貢献することになる。

図1 電気2重層キャパシタを利用したハイブリッドカー[1]

ここではキャパシタを紹介したが，このほかにも大容量電力貯蔵技術開発は数例実施されており，まさに"電力貯蔵"技術競争が激化しているのである。

技術革新により，まさに"電気は貯められる"が実用化される時代が来たのだ。〔鈴木〕

コメント 夜間電力は昼間の電力より安い。発電所（特に原子力発電所）では，発電のための装置を止めたり動かしたりするのには膨大なコストがかかるからだ。だからいまは夜も運転し，余った電気はダム（揚水発電所という）に貯め，これを昼間に使っている。揚水発電所のコストに加え，その過程で3割程度の電気が失われる。キャパシタはこれを越えられるのか？　期待したい。〔小島〕

引用・参考文献
1) ECaSS フォーラム web ページ：「ECaSS とキャパシタ技術」, http://www.ecass-forum.org/jpn/admission/adlc.html〕

政策・雑学　01

数値目標って守るべきもの？

➡ 関連：政策・雑学 02, 06, 11 / CO_2・地球温暖化 06, 07, 08, 21

　地球温暖化防止気候変動枠組み条約京都議定書では，日本は2008〜2012年の間，1990年比で6％の温室効果ガス排出削減を約束した．約束はしたものの，2007年ですでに8.7％増加と，達成はなかなか難しそうだ．

　では，達成できなかったらどうなるのか．その場合は，つぎの数値目標の設定から，守れなかった分の1.3倍分が差し引かれる，つまり守れなかった分の3割増しでつぎの期間に排出を削減しなければならないことになる．さらに，排出量取引が使えなくなり，より厳しい温室効果ガス削減を将来強いられることになる．

　ただし，京都議定書は批准したものの，つぎの約束期間についての議定書を批准しない限り，このペナルティは有効にならない．「京都議定書守れませんでした．つぎの約束はしません．」といってしまえば罰金もなにもない．

　では，そうしてしまえば楽なのではないか，というとそうでもない．なぜなら，地球全体に被害をもたらす影響が大きい地球温暖化を，世界が協力して解決しようという動きに反し，国際世論の強烈な批判にさらされるからだ．

　特に，英国ブレア首相（当時）とブラウン財務大臣（当時）の委託を受けて，経済学者のニコラス・スターンによってとりまとめられた"スターン報告"では，今後の気候変動による被害額は，世界GDPの5〜20％になるとのショッキングな結果となった．一方で，いまその対策を始めれば，対策費は2050年までに世界GDPの1％程度が必要との結果が報告された．また，2007年2月のIPCC報告では，気候変動が90％の確率で人為的原因によって起るとの結論を出しており，21世紀末までに1.0〜6.3℃の気温上昇があり得るとのこと．

　日本が目標達成に苦労する一方，EU15か国は2006年時点では基準年比−2.7％となっており，森林吸収と京都メカニズムをそれぞれ−1.4％，−3.0％加えると，目標が達成できそうだと発表した[2]．

　そもそも京都議定書自体，EUにとって有利な基準年設定のもと，数値目

標が決められたという批判もある(**図1**)。確かに,京都議定書が締結された1997年を100とすると,日本もEUもほぼ1997年水準となっていることがわかる。(**図2**)ドイツや英国の排出削減についても,スタート時点の電源構成に占める石炭の比率が高かったことを指摘する声もあり,京都議定書を守るなんてナンセンスだ,という主張の論拠となっている。

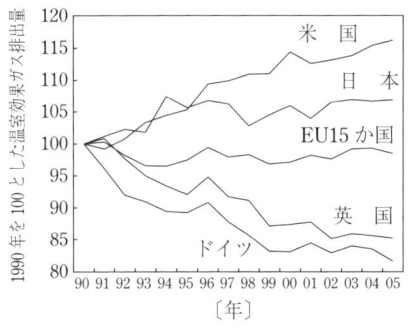

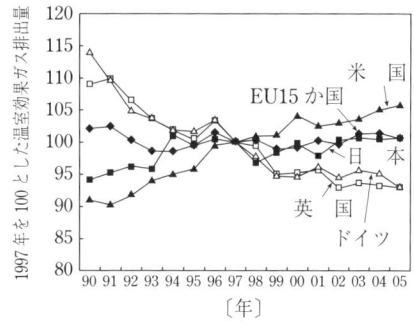

図1 1990年を100とした温室効果ガスの排出量

図2 1997年を100とした温室効果ガスの排出量

しかし,約束は約束である。特に,温暖化による被害の大きさが国際的に常識となったいまでは,最初の約束である京都議定書を守らないことは,温暖化抑制の敵として,のけもの扱いされる恐れがある。それよりも,温暖化抑制の国際世論が高まっているということは,それだけの省エネ・再生可能エネの市場が広がっているととらえ,これまで培った日本の省エネ技術や太陽光発電の技術を,どんどん売ってさらに技術開発を進めれば,経済にとってもプラスとなろう。〔高瀬〕

コメント 米国では,"パワー・オブ・グリーン"と称する概念がトーマス・フリードマンによって提唱されている。これは,環境対策の強化は,米国の安全保障・産業競争力を高めることになるという考えであり,いまや先進的なビジネス企業は,環境こそ競争力の源泉である,という考えに変化している。これこそ,まさに日本のチャンスなのである。発想を転換して,地球環境問題に取り組むことが必要だ。〔鈴木〕

引用・参考文献
1) スターン報告(2006)
2) European Environment Agency: "Greenhouse gas emission trends and projections in Europe 2008" (2008)

政策・雑学　02

米国は地球温暖化対策に消極的？

→ 関連：政策・雑学 01, 06, 11 / CO_2・地球温暖化 05, 06, 07

　米国は，ブッシュ政権となった 2001 年に京都議定書を批准しないことを決めた。その表向きの理由は ① 地球温暖化が本当に起るかわからない ② 先進国だけ義務を負っても効率的ではない（CO_2・地球温暖化 05 の図 1 参照），というものであった。① については，2007 年の IPCC 第 4 次報告によって，完全に覆されたし，② については，CDM という発展途上国における温室効果ガス排出削減を自国の削減義務にカウントできる仕組みもあることから，部分的には間違っている。とにかく，ブッシュ政権による京都議定書離脱によって，米国は"地球温暖化対策に消極的な国"というイメージがついている。

　しかし，中央政府の消極性にもかかわらず，州政府の力が強いアメリカでは，州独自のさまざまな取組みが行われている。特筆すべきは，CO_2 の総量規制と排出量取引を決めた「地域温室効果ガスイニシアティヴ（Regional Greenhouse Gas Initiative: RGGI）」である。これは，北東部と東部の 10 州（コネティカット，メイン，メリーランド，マサチューセッツ，ニューハンプシャー，バーモント，デラウェア，ニュージャージー，ニューヨーク，ロードアイランドの各州）が合意し，2009 年から 2014 年までの間の化石燃料による発電所からの CO_2 排出量を現在の水準にて安定化させ，2015 年以降は毎年 2.5 ％ずつ排出枠を減らしていく，というものだ。

　また，2007 年 1 月には，米国の大企業 10 社と環境団体から，CO_2 などの排出を削減する目標（提案は，今後 10 年間で最大 10 ％）の"義務付け"を求める勧告が発表された。名を連ねた企業を見ると，電機・金融大手ゼネラル・エレクトリック（GE），化学大手デュポン，建設機械大手キャタピラー，石油関連大手ブリティッシュペトロリアム米国などがある。

　一方で，2009 年 1 月に就任した民主党のオバマ大統領は，ブッシュ大統領とは打って変わって，温暖化の国際交渉においてもリーダーシップを発揮する

と見られている。彼の大統領選に向けて発表した政策では，キャップアンドトレードを導入することや，2050年までに80％削減することなどが盛り込まれている（**表1**）。金融危機への対応策として，10年で1 500億ドルを投資することで，500万人の雇用を生み出すといった"グリーン・ニューディール"を経済政策の主軸としている。京都議定書後の目標や仕組みに，米国が大きくかかわってくることは必至のようだ。〔高瀬〕

表1 オバマ氏の大統領選挙向けエネルギー政策案 "New Energy for America" 概要

- 現在苦しいアメリカの家計に短期的な救済をもたらす。
- 今後10年間で戦略的な投資を1 500億ドル行い，民間が将来のエネルギーをクリーンにすることを助けることで，500万人の新規雇用を生み出す。
- 10年以内に現在中東やベネズエラから輸入している石油の合計量以上に，石油の使用量を減らす。
- 2015年までに150マイル／ガロン以上の燃費となりえる国産のプラグインハイブリッドカーを100万台導入する。
- 国レベルでのキャップアンドトレードを導入し，2050年までに80％の温室効果ガス排出削減を行う。

〔出典：http://my.barackobama.com/page/content/newenergy〕

コメント 米国といっても，ブッシュ政権だけではない。地球温暖化対策に積極的に取り組んでいる"米国"もあることを再認識すべきだ。つぎの政権になったら，一気に地球温暖化積極政策をとるかもしれない。その場合の変わり身も早いだろう。現に，エネルギー・環境関連分野では，オバマ大統領は温暖化対策を重視する人事を発表している。エネルギー省長官には，ノーベル賞を受賞した物理学者であり，温暖化対策を早急にとるべきと以前から主張していたローレンス・バークレー国立研究所のスティーブン・チュー所長，科学技術顧問にはエネルギー・環境の専門家であるジョン・ホルドレン ハーバード大学教授，さらにホワイトハウスに新たにエネルギー・環境特別補佐官を設け，クリントン政権時の環境保護庁長官であったキャロル・ブラウナー女史を任命した。オバマ政権の環境政策に期待が集まっている。〔鈴木〕

政策・雑学　03

自由化市場では電気料金は下がる？

→関連：政策・雑学 05

　1990年代から，世界の電力市場では，それまでの"地域独占・料金規制"を原則とする公益事業規制を廃止し，競争原理を導入して新規発電業者の参入を認めるという"電力自由化"が進められてきている。日本においても，"料金を国際平均価格並みに下げよ"という目標のもとに，1995年から徐々に自由化が進められてきた。

　では，この電力自由化により，はたして電気料金は本当に下がったのであろうか。答えは複雑で，世界各地の実績に基づくと，"はい"とも"いいえ"ともいえる。第1に，自由化初期における大口産業用料金は，各地でも低下傾向を示した。一方，小口消費者の料金はそれほど下がらないという，"消費者差別"が顕在化した。第2に，卸売り市場では競争が有効に機能したケースで確かに料金の低下が見られた。一方，自由化になっても市場支配力が強い企業が存在すると，"売り惜しみ"などの"利益追求"行為により，一時的に電気料金が高騰するというケースが出始めた（米国カリフォルニア州の事例）。第3に，自由化により電力会社が投資を抑制した結果，負債・金利負担の減少が顕著となり，料金低下につながったといわれる。日本でもこの傾向が見られる。現実に，日本の電気料金は着実に低下をしており，国際平均価格と遜色のない価格

表1　電気料金比較（各社を1とした場合の日本（東京電力）の水準）（2004年）

		EDF[※1] （仏）	RWE （独）	PG （英）	LE （英）	ConEd （米NY）	ComEd （米IL）	TXU （米TX）
家庭用		1.11	0.81	1.53	1.45	1.03	1.59	1.66
中規模	業務	1.83	1.07	1.46	1.49	0.98	1.56	1.42
	産業	1.53	0.90	1.22	1.24	0.82	1.31	1.19
大規模	業務	2.52	1.22	1.58	1.57	1.05	1.66	1.60
	産業	2.21	1.07	1.39	1.37	0.92	1.46	1.40
超大規模	業務	2.47	1.41	1.88	1.84	0.94	1.49	2.16
	産業	2.17	1.24	1.65	1.61	0.83	1.31	1.90

※1）　家庭用を除くEDFの電気料金には税その他が含まれていない。

レベルになったと見られる(**表1**)。第4に,この設備投資の低下により,需要が予想以上に伸びた地域では,電力供給不足につながり,価格上昇を呼ぶことになった。最後に,2003年以降は石油価格の高騰につられ,電気料金がやはり上昇することになった(**表2**)。

このように,自由化後の電気料金は必ずしも低下した,という結果にはなっていない。国際的にもさまざまである。市場の需給状況により,電気料金は大きく振れる時代になった,というのが正確なところであろう。一方,消費者の選択肢が増えたことも事実であり,今後は消費者の多様なニーズに答えられる電力市場に変化していくであろう。〔鈴木〕

表2 電力自由化による電気料金の変化率

		自由化開始年[1]	自由化開始年価格	2003年価格	変化率
米 国	ペンシルベニア州	1997年	7.99 セント/kW·h	7.98 セント/kW·h	▲0.1%
	カリフォルニア州	1998年	8.93 セント/kW·h	11.62 セント/kW·h	+30.2%
	マサチューセッツ州	1998年	9.59 セント/kW·h	10.63 セント/kW·h	+10.9%
	ニューヨーク州	1998年	10.63 セント/kW·h	12.44 セント/kW·h	+17.0%
	テキサス州	2001年	7.39 セント/kW·h	7.50 セント/kW·h	+1.5%
欧 州	イギリス	1990年	7.42 ペンス/kW·h	7.76 ペンス/kW·h	+4.5%
	ノルウェー	1991年	38.9 オーレ/kW·h	54.8 オーレ/kW·h	+40.9%
	スウェーデン[2]	1992年	67.5 ユーロ/MW·h	83.8 ユーロ/MW·h	+24.1%
	スペイン	1994年	105.9 ユーロ/MW·h	87.2 ユーロ/MW·h	▲17.7%
	ドイツ	1998年	125.6 ユーロ/MW·h	126.7 ユーロ/MW·h	+0.9%
	イタリア	1999年	157.0 ユーロ/MW·h	144.9 ユーロ/MW·h	▲7.7%
	フランス	2000年	92.8 ユーロ/MW·h	89.0 ユーロ/MW·h	▲4.1%
日 本		1995年	22.38 円/kW·h	19.05 円/kW·h	▲14.9%

1) 自由化開始年は小売自由化開始のみならず,パイロット・プログラムの実施など構造改革規制が実施に移された年としている。
2) スウェーデンのみデータの制約により自由化開始年価格は1997年時点の価格を用いている。
(出所) 米国はEIAによる電気事業者平均収入単価,イギリスはDTIによる家庭標準クレジット料金でのモデル世帯(年間消費3 300 kW·h)の平均購入単価(税込),ノルウェーは統計局の家庭・農業用平均単価(付加価値税除),その他欧州諸国はEurostatデータ,日本は一般電気事業者電灯電力総合単価より作成。

コメント ものの価格は初期投資と運転コストにより決まる。経営者は,将来の需要を見通して設備投資を行う。さて回収は何年で行われるべきだろう? 通常の経済活動では,高々5年といったところだろう。しかし,発電プラントの場合,特に水力や原子力では,最低でも30年間は運転することが要求される。決して自由化に反対するものではないが,基幹インフラである以上,短期的価格より,"妥当な"長期見通しに基づく計画性が要求されるべきだろう。〔小島〕

政策・雑学　04

需要予測モデルはよく当たる？

　需要予測モデルとは，未来のエネルギー需要がどのくらいになるかを予想するためのツールである。エネルギーは，工場で"もの"を作ったり，寒いところを暖めたり，自動車や電車で移動したりするときに使われる。よって，エネルギー需要を予想するには，まずこれらの"活動量"の規模を予想しなくてはならない。そして，その同じ活動を行うにも，エネルギーの値段が高ければ省エネが進むだろう。つまり，さまざまなエネルギー利用の場面において，"活動量×効率"によって基本的なエネルギー需要は計算できることになる。

　政府や国際機関，研究所などが行うエネルギー需要予測も，基本的にはこのような手順で計算している。将来の人々の活動状況を"予測"し，その活動を支えるエネルギーはどうなるか，電気なのか，ガスなのか，ガソリンなのか，エタノールなのか，"予測"を行う。そして，人々が必要となる電気やガスやガソリンなど（加工した後のエネルギーということで，"2次エネルギー"とも呼ばれる）を，電気だったら火力発電でまかなうのか，原子力発電なのか，はたまた風力発電なのかを"予測"していく。

　図1の太線以外の線は，それぞれの時代の日本政府の"長期エネルギー需給見通し"による1次エネルギー総供給の予測値を示し，その後明らかになった実績値を太線で示したものである。第1次石油危機前の予測では，明らかに高い伸び率が予測されていたが，2度の石油危機を経て，比較的

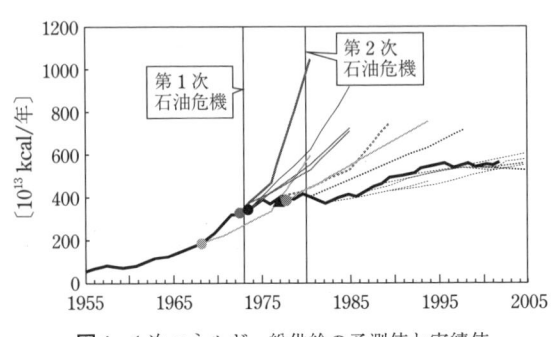

図1　1次エネルギー総供給の予測値と実績値
〔（財）日本エネルギー経済研究所 藤目和哉氏提供〕

緩やかな伸びを予測するようになった。一方，第2次石油危機直後は，その後明らかになった実際の値よりも少ない伸び率を予測している。

この図をじっくり見ていくと，"需要予測は当たらない"という結論に達しそうである。ある意味それは正しいといえる。なぜなら，未来のことはだれにもわからないからだ。では，このような需要予測は意味がないのであろうか？

このような需要予測モデルの存在意義が未来予知であるなら，意味がないといい切れよう。しかし，モデルのいいところは，"このままいったらどうなるか"という未来を，予想される経済状況・社会状況と整合的に知ることができることだ。人口，経済成長率，経済構造（サービス化など），自動車の使い方，エネルギー効率などといった個別要素について，それぞれ"best guess"をした結果，日本全体でのエネルギー需要やCO_2排出量がどうなるか，ということを定量的に計算できるのだ。それによって，さまざまな政策の効果やコストを比較することができ，政策を実際に導入する前の議論の材料となり得る。

需要予測は当たらなくても当たり前。需要予測の存在意義は当てることではなく，望ましい未来への道筋を，ただの"お話"ではなく，定量的に示すことにあるからだ。〔高瀬〕

コメント1 未来はもちろん"予知"できない。その不確実な将来に備えて，いまなにをすべきか。その意思決定は当然のことながら"柔軟"でなければ失敗する。予測はあくまでも，意思決定の一つの材料。エネルギー政策でも，思ったように行かなかったときの"バックアップ"を持っていることが重要だ。〔鈴木〕

コメント2 ローマ・クラブの『成長の限界』という本がある[1]。この中の標準モデルの予測は，まさに"大はずれ"である。しかしこの本が"名著"であるのは，本質をいい当てていたからである。一読をおすすめする。〔小島〕

引用・参考文献
1) D. H. メドウズほか（大来佐武郎 監訳）：成長の限界―ローマ・クラブ「人類の危機」レポート―，ダイヤモンド社（1972）

政策・雑学　05

電気の"質"は選べるの？

➡ 関連：政策・雑学 03

　電気料金は，kW·h（キロワットアワー）という単位で売り買いされていて，自由化が進んだとしても，基本的に値段によってしか差別化ができないと思っている方も多いだろう。

　しかし，先に電力自由化の進んでいる欧米諸国では，"～ な電気"を買うことができる。"安い"電気を選ぶこともできるし，もちろん"きれいな"電気を選ぶこともできるのだ。地球温暖化問題などへの関心の高まりから，風力や太陽光といった，まだ高いが望ましい電気を"選んで"買うことができるのが，グリーン電力料金の枠組みだ。

　1990年代後半に欧米で始まったこの仕組みだが，日本ではグリーン電力証書という形で2000年にスタートしている。グリーン電力証書とは，風力やバイオマスなどの"グリーン"な電気の割高部分を"環境価値"として，実際の電気の売り買いとは切り離して購入できる仕組みである。つまり，東京にある会社でも，電線が普段はつながっていない北海道の風力発電についても，その証書を買うことで，北海道の風力発電の電気を買ったと"みなす"のである。

　電力会社がグリーン電力料金メニューを整備することが望ましいが，日本の場合はいまのところこの証書の仕組みが唯一，電気の質を選ぶ手段となっている。なお，日本のグリーン電力証書は大口をおもな顧客としてマーケティングを行っているため，個人が電気の質を選ぶことは，実際には難しいというのが現状である。

　一方，欧米では，証書の仕組みも存在する一方，個人が気軽に電気の契約として行えるグリーン電力料金についても，普及が進んでいる（**表1**）。最も進んでいるオランダでは，2006～2007年時点で，全世帯の30％に当たる230万世帯がグリーン電力を選んでおり，その総購入電力量は2005年時点で150億kW·hであった。日本の寄付型のグリーン電力基金（月額一口500円，量

表1 グリーン電力の普及の様子[1]

	参加者数	購入電力量	時　点
ヨーロッパ		270億 kW·h	2005年
オランダ	230万世帯	150億 kW·h	2006～2007年
スウェーデン	（大口中心）†	75億 kW·h	2005年
ドイツ	75万世帯	20億 kW·h	2005～2006年
米　国	60万世帯	120億 kW·h	2006年
カナダ	2万世帯	不明	2003年末
オーストラリア	65万世帯	4億 kW·h	2007年末
日　本	（大口中心）†	1.2億 kW·h	2008年5月

† 個人の参加もあるが，購入電力量としては少ない。
（参考）2005年度の日本の電力需要合計 10 438億 kW·h であった。

的保証はない）の加入者は約2万世帯であることを考えると，その普及は大変なものであることがわかる。

また，原油・天然ガス価格高騰により，米国ではグリーン電力価格のほうが通常の電力価格より安くなるという事態が生じた。今後グリーン電力供給技術が普及してさらに安くなれば，このような逆転が普通に起りえるかもしれない。

買う側が"好ましい"エネルギー源を，その価格において選択することが電気についてもできれば，1票ならぬ1 kWで日本を変えることができるようになるかもしれない。そうすれば，エネルギー政策についても，無責任な批判だけではなく，より建設的な議論が進められるような国になっていくだろう。〔高瀬〕

コメント グリーン電力の普及策は，もっと真剣に議論されてよいはずだ。それも，市場のダイナミズムを効率的に活用したり，高くても払う意思のある消費者市場を確立していくことがまずは重要なのではないか。〔鈴木〕

引用・参考文献

1) Renewable Energy Policy Network for the 21st Century: "Renewables 2007", http://www.ren21.net

政策・雑学　06

CDM で発展途上国も先進国もハッピー？

➡ 関連：政策・雑学 02, 11 / CO₂・地球温暖化 06, 07

　京都議定書の数値目標達成の有力な方法として CDM（clean development mechanism）が注目されている。義務を負う先進国が発展途上国で温室効果ガス削減プロジェクトを実施し，削減が認められると，その削減量が先進国の"クレジット"として，目標達成に使えるという仕組みだ。この仕組みは，先進国にとっては同じ量を削減するのに大変安いコストで行えるし，発展途上国としては，石炭火力を高効率なものにするのに先進国が資金を出してくれるなら，エネルギー消費の節約にもなり，両者にとってハッピーな仕組みである。

　しかし，これが先進国と発展途上国にとって"ハッピー"ではあるが，全体で見ると大変非効率であることが指摘された[1]。**図1**に，京都議定書の第1約束期間終了年の2012年までの温室効果ガス種別 CDM クレジット発行量を示した。HFC23 と N_2O で約半分を占めている。これのどこが問題なのだろうか。

　京都議定書で削減が義務付けられている温室効果ガスは，（CO_2・地球温暖化 06）の表1に示した6種類のガスである。重要なのは，絶対的な排出量ではなく，100年間年限を区切って"どれだけ温暖化するか"という GWP（global warming potential）である。HFC の GWP は 11 700，つまり，HFC23 を1トン排出すると，100年間の間に CO_2 11 700 トンを排出したのと同じ温暖化が起るという意味だ。

　HFC23 は，HCFC22 を作る際にできてしまう。これを破壊する装置を付けることを CDM と

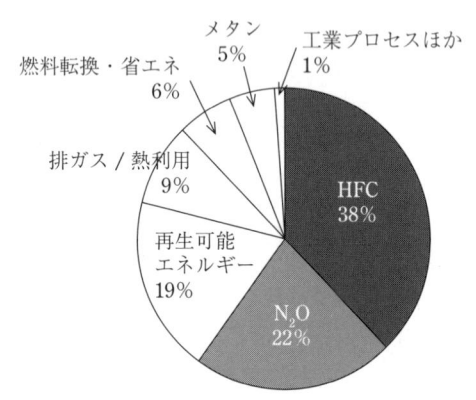

図1　2012年までの CDM クレジット予想発行量
〔財団法人 地球環境戦略研究機関 IGES：CDM プロジェクトデータ分析（2008年11月25日更新）より作成〕

するプロジェクトが多く行われている。HFC23 1 トンは CO_2 の 11 700 倍の温室効果を持つため，発生クレジットで見ると，HFC 破壊プロジェクトが CDM 全体の 38 % となっている，という寸法だ。

"実際に GWP が高いんだからいいじゃない"という意見もあろう。ここで，そもそもの CDM の意義を考えてみると，"先進国で行うよりコスト効率的に温室効果ガス削減ができる"というものだった。HFC23 に限っていえば，あまり数の多くない HCFC22 の工場に，装置を入れればいいだけの話である。一方で，CDM で発生したクレジットは，クレジット市場で売買されるため，国際クレジット価格分の収入が期待できる。かりにそれが 9 ユーロとした場合，HCFC22 が売れなくとも，作って HFC23 を破壊してクレジットを発生させたほうが儲かることになる。これでは本末顛倒だ。

この問題は CDM 理事会でも議論されているが，2008 年 11 月時点では，まだ合意に至っていない。HCFC22 はモントリオール議定書によって生産しないこととなっていることもあり，CDM 以外の枠組みで，HFC23 破壊装置への支援のみを行うべきだという主張と，反対する主張の両方が戦っている。

人為的に作り出した仕組みが完璧であることはあり得ない。より良い仕組みを目指して，問題を見つけたら改善するというプロセスを確保することが，このような仕組みの成否を分けるのではないだろうか。〔高瀬〕

> **コメント** 地球温暖化対策に市場メカニズムを織り込もうとしたのが，米国が提唱した"京都メカニズム"だ（結局は離脱したけれど…）。概念的には，地球温暖化対策の効率性を世界規模で高めるすばらしいアイディアであるが，運用面では十分な検証が必要だ。なお，京都メカニズムにはほかに，先進国間で協力して削減した分を分け合う"共同実施，JI（joint implementation）"や，目標以上に削減できた国が，その分をほかの目標をクリアーできなかった国に市場を介して売却できる"排出権取引（carbon emission trading）"がある。〔鈴木〕

引用・参考文献
1) Michael Wara: "Measuring the Clean Development Mechanism's Performance and Potential", Working Paper, #56 (2006)
http://iis-db.stanford.edu/pubs/21211/Wara_CDM.pdf

政策・雑学　07

専門家の意見はいつも一致している？

　理科系と文科系の試験問題で最も違うところはなにか？　それは，文科系の問題では答えが一つとは限らないのに対し，理科系の問題では，正解は一つしかない，ということである。理科系に進む学生のうち，多くの若者が"正解は一つしかない"という自然科学に惹かれて進学することも事実だ。ところが，研究を進めるうちに，"自然科学に秘める不確実性"の不思議さ，魅力にとりこになるとともに，現実社会との間で，深い葛藤に巻き込まれていくことになるのである。

　非専門家から見ると，自然科学ではやはり"正解は一つ"というのが通常の認識だろう。これが，科学と社会の関係を現実に考えるときに大きな障壁となる。最も顕著な例が，"リスク"と"安全"に対する認識のギャップである。一般市民は，"安全か，危険か"の二者択一の考えで，専門家にせまる。専門家は，"100％安全はありえない。リスクはつねに存在する"と説明する。じつは，長い間に渡り，日本の安全規制（原子力が顕著な例）は，この"100％安全"を全面に打ち出して説明してきた。しかし，これは科学的には不正確な表現であり，"リスクが無視できるほど小さい"という表現なら正しい。市民にこの違いをわかってもらうよう説明してこなかったことが，安全規制行政への不信につながった，という一面は否定できない。

　しかし，ここまでは，専門家対非専門家の認識ギャップであった。さらに問題を複雑にするのは，専門家の間でも意見が分かれる問題がある，という事実だ。リスクの問題でいえば，どの程度のリスクがあるか，という専門家の判断自体に"正解"が一つでない，という状況が現実に存在する。例えば，低線量の放射線被ばくは，"たとえ少量でも人体に負の影響がある"という考え方が現在の放射線規制の基本となっている。しかし，最近になって"低線量の放射線は健康にプラスの効果をもたらす"という研究成果が注目され始めている（**表**

1）。一方で，広島，長崎の被ばく者追跡調査により，これまでよりも低線量でも影響が大きいとの結果も出ている。

このように，専門家の意見は，つねに一致するわけではなく，それをどう選択していくかは，われわれ一人ひとりの意思に関わってくるのである。〔鈴木〕

表1　放射線ホルミシス効果の例〔出典：電力中央研究所資料〕

分子レベルの効果	細胞レベルの効果	固体レベルの効果
抗酸化能の上昇 ・SOD 活性の亢進 ・グルタチオンの増加 ・解毒能の亢進 DNA 修復能の促進 ・DNA 損傷の修復 ・DNA 修復酵素の活性化 遺伝子発現の変化 タンパク質の誘導合成 ・がん抑制遺伝子産物 p53 増加 ・ストレスタンパク質の誘導合成 細胞膜の構造，機能変化 ・脂質過酸化の低減	適応応答の誘導 ・細胞増殖の促進 ・染色体異常の低下 ・細胞死抑制 免疫能の活性化 ・幼若化反応の亢進 ・サイトカイン産生の亢進 ・アポトーシスの増加 ・リンパ球のアポトーシス 細胞情報伝達系の関与 ・カルシウムイオンの関与 ・PKC の関与	制がん，抗がん作用 ・がん転移の抑制 ・放射線発がん，化学発がんの発生低減，遅延 疾病抑制 ・高血糖値の低下 ・実験糖尿病の発現遅延 放射能抵抗性の誘導 ・放射線誘発致死の抑制 ・放射線誘発奇形の低減 中枢神経系への効果 ・心理ストレスの低減 ヒトの疫学調査 ・がん以外の死亡率の低下

コメント　民主政治とは民の考え方に基づき政治を行うことである。しかし，その中で民意に問うべきことはなんであるのか？　政治のプロが行うべきことはなになのかの仕分けができていないように思われる。民意を問うてみるとその大多数は，"現在の生活"への不満，"自分の将来"への不安を口にする。政治は，国民間の意見の調整ばかりではなく，将来を考える義務も負っている。そしてその政策決定のために，専門家という集団が登場する。将来予測も含め，事実関係が明確となっていないことに対して，推定を行う人たちである。ある特定の関連する事項の一部については，一般市民以上に詳しい人であり，学識経験者と呼ばれる。問題なのは，"一部"という点である。現代の，相互に複雑に関り合う事象の"一部"だけの知識では，全体を俯瞰し予測する事はできない。さらに同じ専門家でも"価値観"と"戦略"は個人により異なる。例えば何年先を見た政策を考えているのか，現法規の枠組みの中での解を見出そうとするのか，それとも法改正まで視野に入れるのか，などなどである。専門家だからこそ，意見が異なって当然なのだろう。〔小島〕

政策・雑学　08

地球温暖化問題と公害問題は本質的に異なる？

　元米国副大統領のA. ゴア氏が2006年に作成した映画『不都合な真実』が話題になった。地球温暖化による気候変動がすでに起き始めており，各地で被害が明らかになっている現実を認め，地球温暖化対策に真剣に取り組むべきだというメッセージである。世界の温室効果ガス排出量の約1／4を占める米国が真剣に取り組まないと地球温暖化対策は効果がないというのも事実であり，ぜひともこのメッセージが政府に届いて欲しいものだ。なお，ゴア氏は1988年に設置され，科学的知見に基づいた警告を世界に向けて発信したIPCC（気候変動に関する政府間パネル）とともに，2007年ノーベル平和賞を受賞している。

　ところで，この"地球温暖化問題"というのは，これまでの"公害問題"とは根本的に異なるとの説明がよくされる。確かに，地球温暖化問題は従来の公害問題とは異なり，① 地域，国境を越えてガスが蓄積し，かつ被害も広がる ② ガスの蓄積から被害（効果）が出るまでの期間が100年単位と長期に渡る ③ すべての産業活動・人間生活活動に起因している，といった特徴を持つ。これらの特徴を考えると，従来の"公害問題"とは根本的に異なる，"地球規模で，人間生活全般に渡る"対策が必要である，ということになろう。

　一方，本質的に"公害問題"とつながる重要な視点も忘れてはいけない。まず第1に，"予防"が"事後対策"よりも効果的な対応となるという事実だ。公害問題の最大の教訓は，"予防に勝る対策はなし"ということであろう。事後の汚染除去，被害者補償対策には，膨大な経費と長期間に渡る精神的苦痛が伴う。被害が出ないような対策を採るほうが一般的にコストも少ないというのが通説となっている。公害問題からのこの教訓は，地球温暖化対策にも生かされるべきだ。第2に，公害対策も地球温暖化対策も，新たな技術革新や産業を生み出すことにつながるという視点である（図1）。米国の1970年大気汚染防止法により，ホンダがクリーンエンジンを開発し，米国進出の大きなきっか

(a) 分野別 　　　　　　　　　(b) 地域別

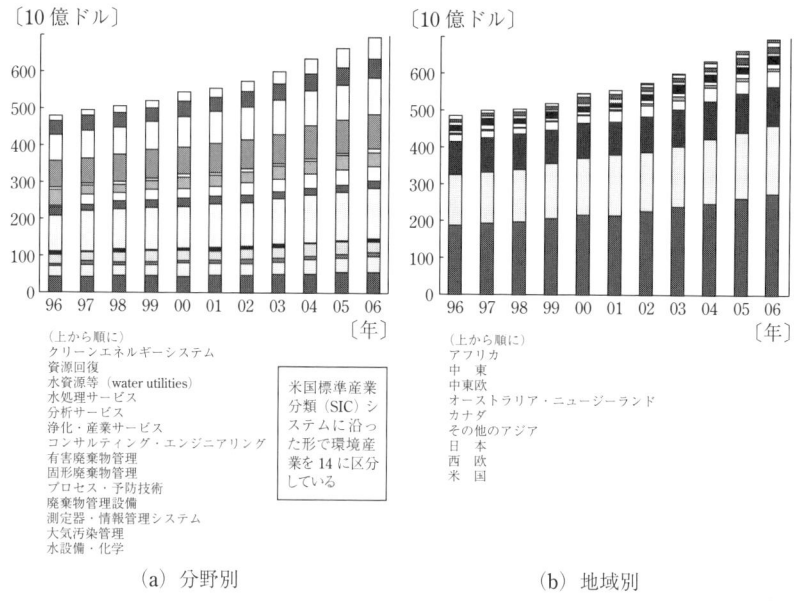

図1 世界の環境ビジネス市場の推移[1]

(a) 上から順に：クリーンエネルギーシステム／資源回復／水資源等（water utilities）／水処理サービス／分析サービス／浄化・産業サービス／コンサルティング・エンジニアリング／有害廃棄物管理／固形廃棄物管理／プロセス・予防技術／廃棄物管理設備／測定器・情報管理システム／大気汚染管理／水設備・化学

米国標準産業分類（SIC）システムに沿った形で環境産業を14に区分している

(b) 上から順に：アフリカ／中東／中東欧／オーストラリア・ニュージーランド／カナダ／その他のアジア／日本／西欧／米国

けとなったのは有名な話だ．地球温暖化対策においても，すでにハイブリッドカー，ヒートポンプによる電気給湯器"エコキュート"，ガスエンジンによる家庭用コージェネ機"エコウィル"など，新たな技術革新と産業を生んでいる．

このように，地球温暖化問題も，公害問題の教訓から学ぶことが多い．本質的に異なるからといって，対策を延ばす理由にはならないのである．〔鈴木〕

コメント 地球温暖化の問題からは，ある意味，富める者が貧しい者から搾取するとの構造が見える．有限な化石燃料の使用に源があり，その影響が将来に渡るという点では，子孫からも搾取しているともいえる．同じ地球環境問題でも，オゾン層破壊については途上国が数年から十数年後に先進国を追いかけるという構図ができた．確かにこれは技術開発によるところではある．地球温暖化対策が全球的に受け入れられるためには，やはり，先進国がライフスタイルも含め，技術に立脚したあるビジネスモデルを作って示すことが必要だろう．〔小島〕

引用・参考文献

1) 環境省：平成20年版 環境／循環型社会白書

政策・雑学　09

石油価格の高騰は石油依存度の高い日本に不利?

➡ 関連：政策・雑学 10 / 化石燃料 01, 02, ,03, 04, 07

　石油価格の高騰がなかなか収まらない。2002年には20ドル/バレル（WTI原油価格）だったものが，2008年7月には147.50ドル/バレルまで上がり，その後49ドル前後まで下がった。今後も乱高下を続けると見られている。

　石油価格が急騰すれば，世界経済に深刻な打撃を与えるのではないか，と危惧されている。現に30年前の石油危機の際は，石油依存度が70％と高かった日本は大打撃をこうむり，脱石油を柱とするエネルギー政策を導入することになったわけである。その成果は，原子力や天然ガスの導入などにより，過去30年間で石油依存度が50％以下にまで低下したことに現れている。それでも，日本はOECD先進諸国の中で，イタリアと並んで石油依存度は最も高く，さらに中東依存度も高い。これが，日本がエネルギー安全保障上，"もろい国"といわれているゆえんである。

　しかしながら，今回世界経済もそうであるが，もろいといわれた日本経済は石油危機で痛手を負ったという状況にはない。むしろ，ガソリンや天然ガス不足，電力危機などで"エネルギー大国"といわれた米国のほうが苦労している。これはいったいどうしたことか。

　これにはそれなりの理由がある。まず，第1に日本経済が強くなったおかげで円が1970年代に比べ3倍にも強くなった。当時は1ドル300円台であったのが，いまや100円台である。これだと，輸入石油の価格が実質3倍になっても，当時と同じ値段ということになる。やはり，経済力を強めることは，エネルギー安全保障上も効果がある，という証明である。

　第2に経済のエネルギー依存度が低下している，すなわち省エネ努力が進んでいるということである。GDP 1単位当りのエネルギー消費量（エネルギー原単位と呼ぶ）は，1973年からほぼ年率1％で低下してきており，当時に比べ約30％も経済全体のエネルギー効率が上がっている（**図1**）。

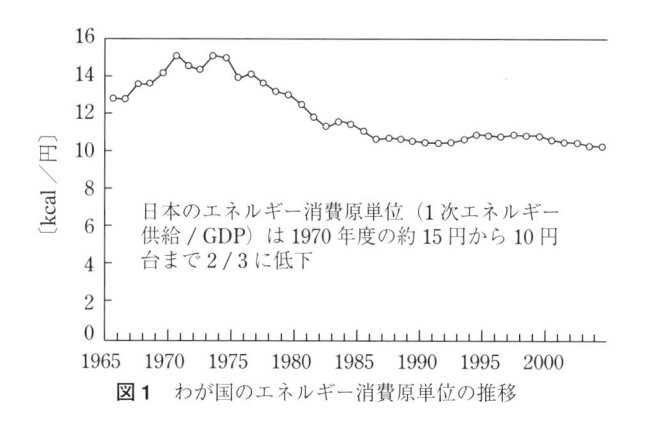

図1 わが国のエネルギー消費原単位の推移

グラフ内注記：日本のエネルギー消費原単位（1次エネルギー供給 / GDP）は 1970 年度の約 15 円から 10 円台まで 2/3 に低下

　第3に，石油が最も使われている運輸部門のエネルギー消費が日本はそれほど大きくない，ということだ。米国は，自動車文化であり，ガソリンへの依存度がきわめて高い。大量交通手段を多く持つ日本では，この点で有利である。

　最後に，これはやや皮肉であるが，もともと日本のエネルギー価格，特に石油・ガソリン価格には税金が約 60 % もかけられており，米国に比べるとガソリンの値段もほぼ 2 倍する。これは欧州も同じであり，ガソリン税が非常に低い米国では，原油価格の上昇が直接経済に響く。日本や欧州では，原油価格の上昇は約 2 / 3 に軽減されることになる。

　このように，石油依存度や中東依存度の高い日本だからといって，石油危機に脆弱ではない体質を持ってきている，ということができる。これこそ，真のエネルギー安全保障対策ではないか。〔鈴木〕

コメント　過去の石油危機により，日本は世界の中でも最も優れた省エネ技術が開発されてきたともいえよう。資源を持たない日本では，資源にいかに付加価値をつけるかが問われている。いわば技術である。技術開発が進む環境とは，そのような逆境ではないだろうか。政策・雑学10「日本のエネルギー自給率はもっと高いほうがよい？」に対するコメントではその理由について述べてみよう。〔小島〕

引用・参考文献

1) 経済産業省：平成 17 年度エネルギーに関する年次報告（2006）
http://www.meti.go.jp/press/20060606004/hakusho-hontai-set.pdf

政策・雑学　10

日本のエネルギー自給率はもっと高いほうがよい？

➡ 関連：政策・雑学 09／化石燃料 01, 03, 07

　日本の1次エネルギー自給率は，先進国の中でもきわめて低い。原子力（ウランはすべて輸入）を含めなければ4.3％，原子力を含めても16％程度しかない（2003年度）。エネルギーと並んで，安全保障上重要といわれる食糧自給率（カロリーベース）でも40％であり，エネルギー自給率の低さは気になるところだ。

　2006年6月に発表された新・国家エネルギー戦略では，エネルギー安全保障上の理由から，1次エネルギーで最もシェアの高い石油（約48％）について，"日本の資本による"自主開発石油の比率を現在の14％から2030年には40％まで引き上げることを目標とした。このように，エネルギー自給率を高めることは，エネルギー安全保障上有益なことと一般的には考えられている。

　しかし，一方で日本のように資源が少ない国は，自由貿易によって得られる利益が大きいのも事実であり，実際自由貿易圏の拡大を目指した経済外交を進めてきている。エネルギーについても，1998年に発効した「エネルギー憲章条約」という国際的な枠組みができている。これは，エネルギー原料・製品の貿易や投資の自由化・保護などについて，GATT（関税及び貿易に関する一般協定）に基づく枠組みで規定しようというものである。日本はいち早く憲章に署名し，2002年に批准している。この条約に参加することにより，エネルギー貿易・投資の効率的な促進，環境上の影響を最小限にとどめること，エネルギー安定供給の確保に役立つと認識されている。2006年11月現在，EU 25か国，中東欧6か国，旧ソビエト連邦10か国，そのほか日本をはじめ，リヒテンシュタイン，モンゴル，スイス，トルコなど，合計46か国が批准している。しかし，ロシア，アメリカ，中東産油国が参加しておらず（オブザーバーとして参加。ロシアは署名しているが未批准），実効性で問題があるとされている。

　2006年のロシア・サンクトペテルブルクにおけるG8サミットにおいても，

世界のエネルギー安全保障が課題として取り上げられ,「われわれは,透明性があり,効率的かつ競争的な国際エネルギー市場を発展させることが,この点に関するわれわれの目的を達成する最善の方法であることに意見の一致をみた」との宣言が採択されている。この宣言の精神を実践すれば,最近問題となっているロシアのエネルギー外交に対しての有力な枠組みとすることができる。そうなれば,極東の天然ガス・石油パイプラインネットワーク構想なども,日本のエネルギー安全保障に大きく貢献することができる。

このように,世界経済のグローバル化が進み,その自由経済システムを促進する日本としては,自給率を上げることだけでなく,エネルギー市場の透明性向上を高め,効率のよいエネルギー需給体制をグローバルに進めていくことも重要な政策課題だと思われる。〔鈴木〕

> **コメント** 日本の高度成長の原動力となり,黒いダイヤとまでいわれた石炭はすべて輸入に変わった。石油はもちろんほぼ100％輸入であるが,天然ガスもほんのわずかが国内で生産されているに過ぎない。エネルギー統計などでは,通常原子力についてはその原料となるウランはほぼすべて輸入しているにもかかわらず,国産エネルギーと定義されていることが多い。これはウランは"金属"として輸入されていることになっているからである。もう一つ国産エネルギーとして分類されているものに,新エネルギーなどがある。この中身は廃木材と,紙パルプ工業からの副産物である黒液が大部分であるが,もともと木材あるいはチップはほとんどが輸入されたものである。結局純粋な国産エネルギーはほとんどが水力,一部地熱以外はほとんどないということだ。
>
> 確かに自給率は高いほうがよいに決まっている。しかし,技術というものは,状況が厳しいからこそ生まれるという側面もある。製品の価格を,原材料の価格＋付加価値,と位置づけるならば,原料価格が上れば上るほど,相対的に付加価値の割合が下がってゆく。技術により付加価値が加わった,原料とは明らかに差別化ができる物が,原料とさほど違いなく売れるとすれば,その技術開発は進む。いずれはその相対価値は変化するとしてもその間の技術開発分は日本の財産となるはずである。〔小島〕

政策・雑学　11

先進国のエネルギー消費を減らしても問題は解決しない？

➡関連：政策・雑学 01, 12／CO_2・地球温暖化 06, 07, 21

　世界のエネルギー消費を国別に見ると，これまでは先進国が"独り占め"というありさまであるが，今後30年を見ると，この様相が大きく変化する。先進諸国のエネルギー消費量はほぼゼロ成長であるが，途上国，特にアジアなどの途上国のエネルギー消費が急速に伸び，世界の CO_2 排出量の6割を占めることになる（**図1**）。

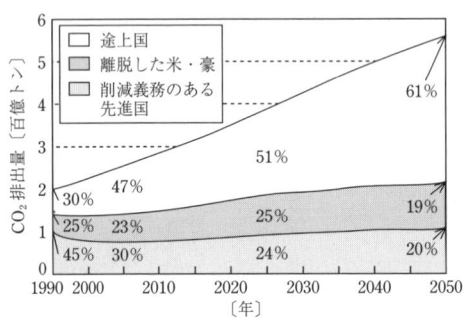

図1　2030年の国・地域別 CO_2 排出量予測 [1]

　この結果，エネルギー問題としても，地球環境問題としても，先進国だけが消費を減らしても"焼け石に水"という見方もできる。事実，途上国自身，エネルギー問題と自国の環境問題解決のためにも，エネルギー消費効率を上げていくことが重要である，との認識が高まっているのである。

　しかし，だからといって，先進国がエネルギー対策や環境対策をとらないでいい，ということにはならない。これは，一人当りのエネルギー消費量を比較すればよくわかる（**図2**）。米国，カナダはインドの15倍，中国の7倍以上のエネルギーを消費している。日本は米国の約半分であるが，それでも中国などに比べれば4倍近いエネルギー消費量となっている。この"格差"を解消しないことには，世界のエネルギー問題・環境問題は公正には解決できない，ということになる。

　ということは，エネルギー政策としては，単に量の議論だけでは不十分で，一人当りのエネルギー消費量，いい替えれば"エネルギー効率"の向上について，先進国がもっと真剣に取り組む必要性があることを意味している。途上国は，一人当りのエネルギー消費量を上げることにより，生活の質を向上させて

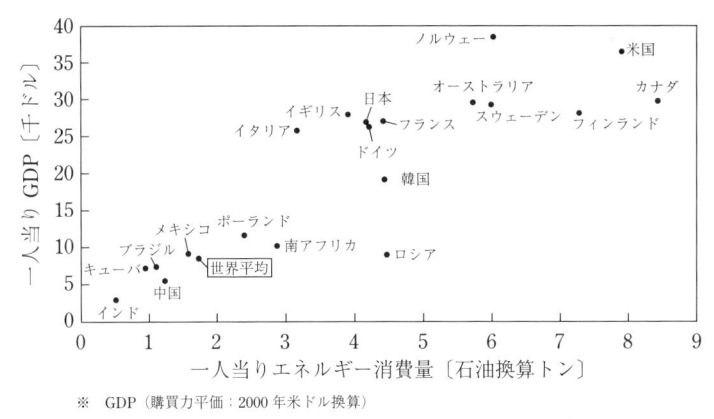

図2 国内総生産とエネルギー消費量（2004）[2]

※ GDP（購買力平価：2000年米ドル換算）

いかなければいけない。先進国から"エネルギー効率改善"の知恵を学ぶことができれば、それによりエネルギー消費の伸びは生活を犠牲にすることなく抑えていくことができる。そのためにも、先進諸国は、エネルギー効率改善に向けて、全力で取り組まなければいけない。〔鈴木〕

コメント 本項はまさに優等生的な答えといえよう。技術が世界全体のエネルギー効率を上げ、そのことが先進国の"質"と途上国の"量"を保全するのだ。
　しかし、本当にことはうまくいくのか？　大いに疑問ではある。24時間電気がつきっぱなしの自動販売機、コンビニ。町を煌々と照らすイルミネーション。未来像はといえば、働くロボット。特に北米での大きなエネルギー消費量の理由とも考えられる、自動車を前提とした社会。人間の便利さのためにエネルギーが投入されてきたというのが歴史だろう。"そのため"には相当の意識改革と、時間が必要だろう。〔小島〕

引用・参考文献
1) 地球環境産業技術研究機構資料
2) IEA: Energy Balance of OECD Countries 2003〜2004; Energy Balance of NON-OECD Countries 2003〜2004

政策・雑学　12

環境税で本当に地球は救われるの？

　環境税とは，もともと環境の悪化がもたらす被害が商品・サービスの値段に含まれていないから，それを税という形で値上げして，商品・サービスの使いすぎを抑えようというものだ．1920年にイギリスの経済学者のピグーが提唱した考え方である．確かに，高くなったら消費を止める人も出てくるだろう．

　しかし，ここで疑問となってくるのが，"いくらの課税が適正なのか"という問題である．それには，① 消費（排出）をどのくらいに抑えたいのか（望ましい消費／排出水準），② どれだけ値段が上がったらその水準に消費（排出）が抑えられるのか（消費／排出の価格弾力性）がわかればいい．

　地球温暖化抑制を目的とする炭素税について，考えてみよう．地球温暖化はもう"防止"できないが，気候変動枠組み条約（UNFCCC）が目標とする"気候系に対して危険な人為的干渉をおよぼすことにならない水準において大気中の温室効果ガスの濃度を安定化"させるためには，現在の80％の排出を削減する必要があるといわれる[1]．

　ここまで温室効果ガスを減らすことを炭素税だけでできるのだろうか？　1トンのCO_2排出を削減するのに必要な炭素税率は，削減が進むにつれ，どんどん高くなるといわれる．最初の1トンは100円で削減できたとしても，つぎの1トン削減には200円かかるというように，"限界"削減コストはどんどん上がっていくからだ．なお，2001年のIPCC第3次報告によれば，日本が京都議定書達成水準（1990年比 –6％）まで排出削減するには，CO_2 1トン当り約8千円の炭素税が必要となると推計されている（各種推計の中央値）．2004年現在の温室効果ガスは90年比 +8％にまで増えているので，CO_2換算1億7800万トンの削減が必要となる．限界削減コスト曲線の形状にもよるが，8千円の場合，社会的コスト（CO_2削減にかかる費用）は約7千億〜1兆4千億円となる．ただし，この8千円という数値については，もっと高いという計算結果もあり（中央環

境審議会2001では90年比 -2 %で約2万7千円との推計もある），やってみないとわからないというのが実情だろう．なお，8千円/トン-CO_2の炭素税はガソリン1l当り19円に，2万7千円は63円に相当する．

ともかく，現在の排出水準から，本当に地球温暖化を抑制したい水準まで炭素税を課したら，1l当りのガソリン価格は膨大なものとなってしまう．少なくとも，炭素税に関しては，炭素税だけによる解決は，経済活動の破綻を招くだろう．環境税全般にいえることかは断定できないが，現在の構造のまま価格を上げるだけでは解決できない環境問題も多く存在する．私見だが，技術進歩やそれによる社会構造変化につながる政策を，環境税もその一つとして導入しながら試行錯誤していくことこそが，解決への近道なのではないだろうか．〔高瀬〕

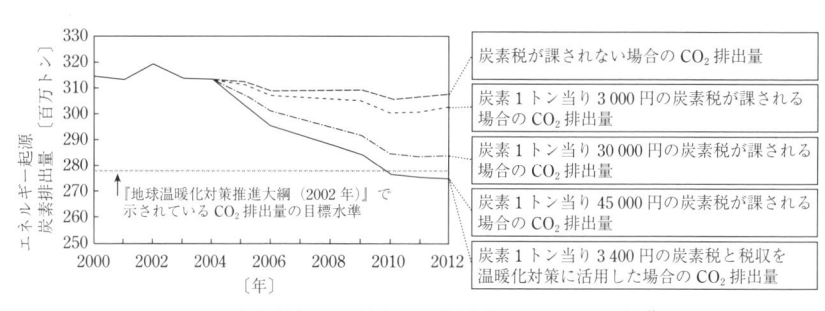

図1　炭素税とCO_2排出量の削減効果に関する試算[2]

コメント　環境税も排出権取引も地球温暖化対策としては"経済的措置"と呼ばれるもので，理論上は同じ効果をもたらすはずである．しかし，実際には"税"と呼ばれるだけで反対されることも多く，一方で"排出権取引"でも"キャップ・アンド・トレード"と呼ばれる場合は，規制が入るので反対される．いずれにせよ温暖化対策にはコストがかかるわけなので，問題はそのコスト負担をどう分けるか，またかかるコストをいかに低くするかということになろう．また税は，その使途も大きな問題であり，単純な経済規制として議論していては，全体像が見えなくなる．経済的措置の選択肢について，もっと幅広い議論が必要だ．〔鈴木〕

引用・参考文献

1) スターン報告（2006）
2) 国立環境研究所webページ，
http://www.nies.go.jp/kenkyusaizensen/2005-2006/050608.html

| 化石燃料 | 01 |

石油危機が起ると日本が一番不利？

➡ 関連：化石燃料 02, 03, 04 / 政策・雑学 09, 10

　20世紀は石油の世紀と呼ばれ，石油は日米欧の先進国の経済発展に必要不可欠である。その確保を巡って世界の政治，経済，国際関係が大きな影響を受けたのが石油危機である。世界の確認埋蔵量の約2／3が政治的にきわめて不安定な中東地域に偏在していることもあり，過去30年あまりに3度に渡り石油危機が起っている。すなわち，1973年の第4次中東戦争を契機とする第1次石油危機，1979年のイラン革命に伴う第2次石油危機，1990年のイラク湾岸戦争による第3次石油危機である。

　世界の3大石油消費地である米国，欧州，アジア地域の中東依存度ではアジアが91％と大幅に大きく，今後も依存度が高まると予想されている。将来の石油供給途絶に伴う地域全体の経済的なリスクを非常に大きくしているが，日本は3回の石油危機の経験を生かし，160日分を超える備蓄やIEA（国際エネルギー機関）をベースとした緊急時対応策を整備しており，リスク回避の点からはほかのアジア途上国よりもわずかに有利である。日本にとって今後はアジアの発展途上国の石油備蓄制度への知的支援や地域的な緊急時対策の整備に取り組むことが重要である。日本と湾岸産油国との相互依存，相互補完関係を深める努力を続けると同時に，APEC（アジア太平洋経済協力会議）とGCC（湾岸協力機構）の間で定期的な人的交流や経済・技術協力を進めるため，対話の場を設けることも検討すべきである[1]。

　一方，日本のエネルギー供給構造は過去40年近い間に非常に大きな変化を遂げている（図1）。2006年の構成比では原子力が12％，天然ガスが17％と1970年に比べて比率を大幅に増やしており，石油は44％，石炭は21％と比率を少し減らし，石油危機を契機に新エネルギーなどが開発されてはいるが，依然石油依存の供給構造である（図2）。周辺地域での石油以外の資源でいえば，東アジア，東シベリアの天然ガス，中国の石炭などが挙げられるが，資源の乏

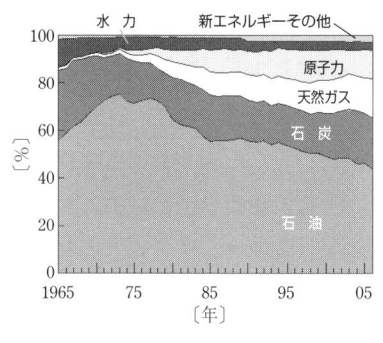

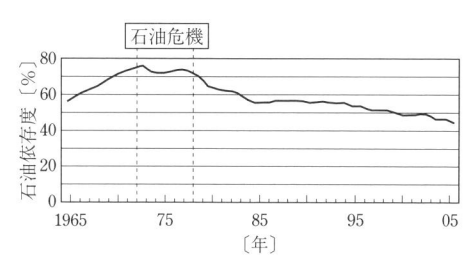

図1 日本のエネルギー供給の推移[2]

図2 日本の石油依存度[2]

しい日本はこの点でも不利ともいえる。

まとめると日本の1次エネルギー供給は原油と石油製品を含め，総供給の約44％が石油となっており，原子力は約12％である。この両者に依存する割合が，世界に比べて高いことが特徴である。石炭は約21％，天然ガスが約17％であり，こちらは世界に比べて少ない（もっとも，消費量としては石炭は世界第6位であるが）。残りの6％が水力と新エネルギー（風力，太陽光，バイオマスなど）である。メタンハイドレードや海洋バイオマス資源など未利用資源の活用も期待できないので，石油危機が起ると日本が一番不利ともいえるだろう。〔行本〕

コメント 供給エネルギーが石油依存で，2次エネルギーの約40％が電気である日本は，やはり原子力発電に頼らざるを得ない。石油危機に対して南米や東アジアでの油田開発や，アジアでの規模の小さいガス田開発が進められているが，大きな期待はできない。日本の石油依存度は約50％で1985年からあまり変化していない。〔鈴木〕

引用・参考文献

1) 十市勉ほか：エネルギーと国の役割，p.18, p.28，コロナ社（2001）
2) 経済産業省資源エネルギー庁：エネルギー白書2008年版

化石燃料　02

米国は石油大国だから心配いらない？

→関連：化石燃料 01, 03, 04

　エネルギー大生産国である米国は，ガソリンと自動車用軽油に対する課税が日本や欧州に比べて低い水準である。また日本ではガソリンに対する税率のほうが高くなっているが，米国では連邦と州の燃料税に加え，さらに州の売上税まで考慮するとガソリンと自動車軽油に対する税率はほぼ同等である。税抜きコストも他地域よりも安く，安価なエネルギーコストを維持することで，米国は大量消費の経済社会を維持しており，石油大国と呼ばれている。世界の人口は 2030 年には 85 億人に増加すると予想されているが米国はほぼ 3 億人のまま変わらないとされている。一方，2005 年世界の石油生産量は 6 600 万バレルで北米は世界の生産に占める割合の約 10 ％程度であるが，2030 年には世界の石油生産量は 3 900 万バレルに減少し，北米は 6 ％となると予想されている。

　世界の人口とエネルギー消費量を図 1 に示す。米国は世界の 20 ％のエネルギー消費し，一人当り年間 7.9 トンの石油を消費している。米国は原油の多消

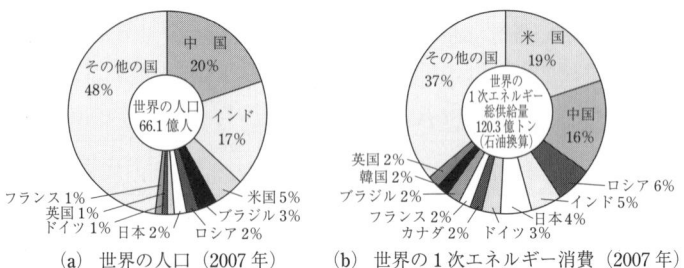

(a) 世界の人口（2007 年）

(b) 世界の 1 次エネルギー消費（2007 年）

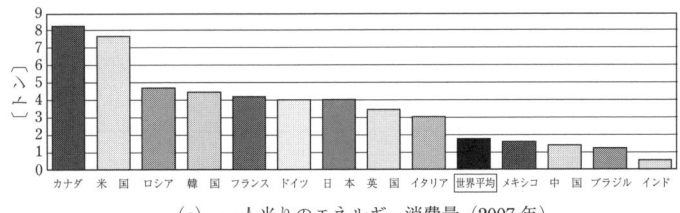

(c) 一人当りのエネルギー消費量（2007 年）

図 1　世界の人口とエネルギーの消費量

費国である。一人当りの消費量は日本の約2倍,国土が広く輸送コストが大きいこともあるが,ガソリン価格の安さも一因であろう。安いゆえに原油価格上昇の物価への波及はストレートである。しかし,課税の強化などの政策的な値上げは消費者の反発が強く,また運送費の上昇などから物価全般への影響も大きい。一方,米国の原油自給率は4割程度であるが,80年の6割から2割がた低下している。原油の生産量は3位ながら埋蔵量はサウジアラビアなどに比べ小さい。

しかし,米国では,石油に匹敵する埋蔵量を持つ石油系の未利用資源であるオイルサンドとオイルシェールが大量に確認されている。これらは近年の石油価格の高騰により注目されるようになり,回収法の技術開発が進められ,商用化も開始している。図2に石油資源の量と原油価格の関係を示すが,石油の価格が高騰するに従い,オイルサンド,オイルシェールの資源の利用も可能になると予想されている。また石炭については米国の可採埋蔵量は100年以上,世界第1の量である。

結論としては,米国は石油大国でもあり,石炭大国でもある。さらに未利用資源も埋蔵されており,当面は心配する必要はいらないようである。〔行本〕

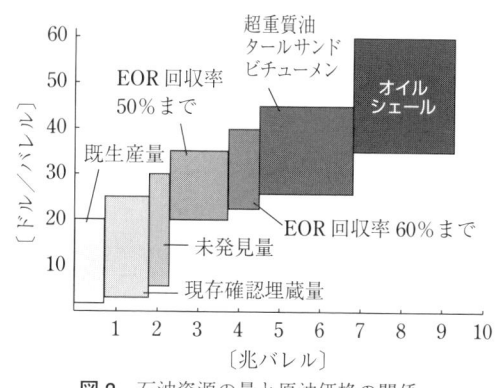

図2 石油資源の量と原油価格の関係

コメント 資源が豊富であっても,エネルギー危機が起きる。危機への対応や,代替燃料の確保は,資源国であっても重要な課題である。〔鈴木〕

引用・参考文献

1) Energy Balances of OECD Countries 2002 〜 2003; Energy Balances of NON-OECD Countries 2002 〜 2003
2) 日本エネルギー経済研究所:第1回需給部会配布資料

> 化石燃料　03

中東依存度の高い国ほど心配？

→ 関連：化石燃料 01, 02, 04

　世界の石油供給はサウジアラビア，イラン，イラクなどの少数の中東産油国に大きく依存しているが，石油は農産物などの1次産品に比べ，先進国の経済発展に必要不可欠な戦略商品といわれている。世界の3大石油消費地である米国，欧州，アジアの中東依存度は1998年で米国が20％，欧州が43％，日本を含むアジアが91％となっている。欧米諸国では今後も域内やロシアを含む周辺地域から引き続き増産が見込まれ，中東依存度はあまり増えない。

　日本は1次エネルギー資源のほとんどを中東からの輸入に頼っており(**図1**)，日本国内で産出される"国産エネルギー"は，水力，地熱，新エネルギーなどで，その割合は4.8％にすぎない。導入促進を行っている新エネルギー（太陽光発電，風力発電，コージェネレーションなど）による供給量は2002年度で1次エネルギー全体の1％強，2010年の目標で約3％にすぎず，日本は短期的にはエネルギー資源がない。長期的には，安全確保に努めた原子力発電（高速増殖炉を含む）の推進やメタンハイドレートの開発利用や新規の日本海での石油資源の探索が行われているが，エネルギー自給率の飛躍的な向上は期待できない。

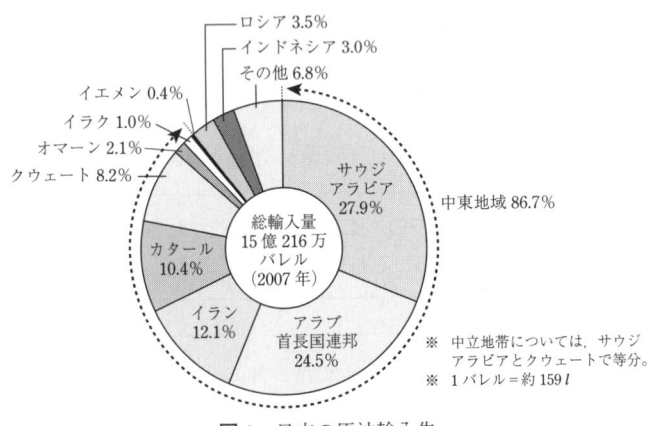

図1　日本の原油輸入先

- ロシア 3.5%
- インドネシア 3.0%
- その他 6.8%
- イエメン 0.4%
- イラク 1.0%
- オマーン 2.1%
- クウェート 8.2%
- カタール 10.4%
- イラン 12.1%
- アラブ首長国連邦 24.5%
- サウジアラビア 27.9%
- 中東地域 86.7%
- 総輸入量 15億216万バレル（2007年）

※ 中立地帯については，サウジアラビアとクウェートで等分。
※ 1バレル＝約159 l

原油や天然ガスなどの増産はアジア域内では期待できず，アジアの発展途上国は石油備蓄も少なく，緊急対応策が整備されていないため，アジアの国々の経済成長に伴う石油消費拡大に伴う不安定供給が心配される。石油の生産量（確認可採埋蔵量を約1兆9億バレルと仮定）は，**図2**ではまだ世界は増産傾向にあるが，やがて徐々に減産すると予想されている。2050年には年産70億バレルの石油生産が予想されているが，当然そのころの石油の価格は，いまよりかなり上昇していると予想される。そうするとこれまで採算が合わず開発が見送られていた油田も採算が合うようになり，開発されるようになるかもしれない。しかし，それでもやはり，「中東依存度の高い国ほど心配」である。〔行本〕

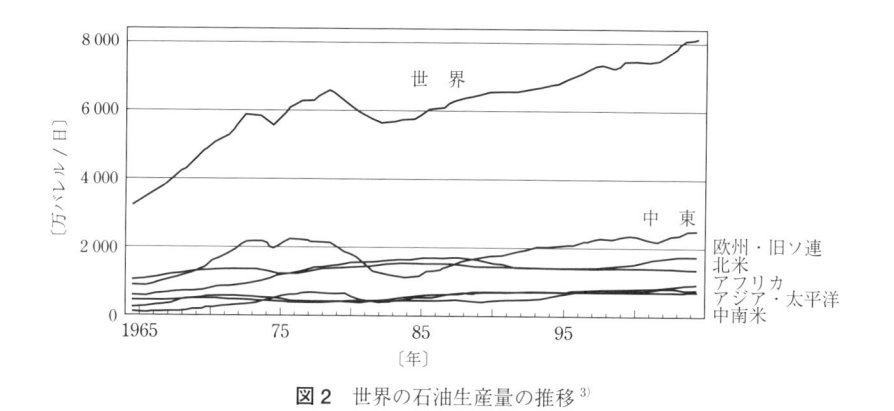

図2 世界の石油生産量の推移[3]

コメント　中東依存度の高い日本をはじめアジア諸国が一番心配である。代替エネルギーの開発では原子力発電が期待されるが安全性に問題があり，やはり石油に頼らざるを得ない。石油価格の高騰に伴う中東以外の新たな油田開発に期待がかかる。〔鈴木〕

引用・参考文献
1) 石井吉徳：21世紀，人類は持続可能か－エネルギーからの視点－，季報 エネルギー総合工学，Vol.**24**，No.3，エネルギー総合工学研究所（2001）
2) 経済産業省：日本のエネルギー 2008,
   http://www.enecho.meti.go.jp/topics/energy-in-japan/energy2008.pdf
3) BP: Statistical Review of World Energy 2006

化石燃料　04

中国のエネルギー需要が伸びると アジアで資源の取合いが起る？

➡ 関連：化石燃料 01, 02, 03

　中国や ASEAN（東南アジア諸国連合）は，自国内および周辺地域でのエネルギー資源の開発に一段と力を入れている．それに伴い，紛争地域における資源開発やシーレーン（海上路）を巡る問題が関係国の間で表面化している．日本との関係でいえば，東シナ海での中国の油田開発や韓国との竹島問題などが挙げられる．

　中国のエネルギー供給の 70 % を占めるのが石炭である．石炭の第 1 の用途は火力発電であり，第 2 は製鉄用コークスである．上海や北京などの大都市の人口増加と工業振興により電力不足が起っており，火力発電用の石炭の需要は拡大している．製鉄所のコークス炉も増設が進んでおり，多量の石炭がコークス製造設備で使用されている．一方で，石炭を利用する火力発電は内陸部での大気汚染が問題視されており，温室効果ガスの削減からも天然ガスへの燃料転換が図られている．その一つが東アジアのパイプライン構想で，中国は東シベリアでの天然ガス開発を進めることでロシアと合意している．

　都市部では石炭が燃料として使われていたが，大気汚染の防止から，輸入プロパンガスや石炭から作られるメタノール，ジメチルエーテル（DME）などのクリーン燃料が利用され，多様なエネルギーの需要が伸びてきている[1]．

　中国は世界の石炭の 45 % を生産し，可採埋蔵年数が 30 年であり，すでに大量の石炭消費国でもある．人口増加によるエネルギー需要の拡大は近隣の東アジアの原油や天然ガスの需給バランスの変化をもたらし（**図 1**，**図 2**），資源の取合いが起るものと思われる．

　しかし，これを避けることは十分可能だ．まず，日本はそれほどエネルギー需要が伸びていないので，緊急のエネルギー資源確保は中国のほうが必要性が高い．長期的にはロシアや中国に対し，なによりも日本の持つ "省エネ技術" を共有することで，中国の資源需要を緩和させることができるのである．この

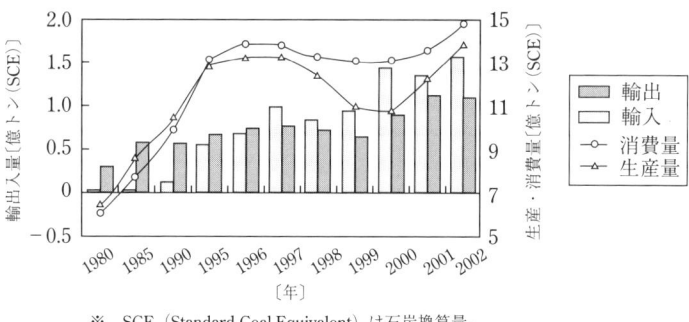

図1 中国のエネルギー全体の需給と貿易の推移[2]

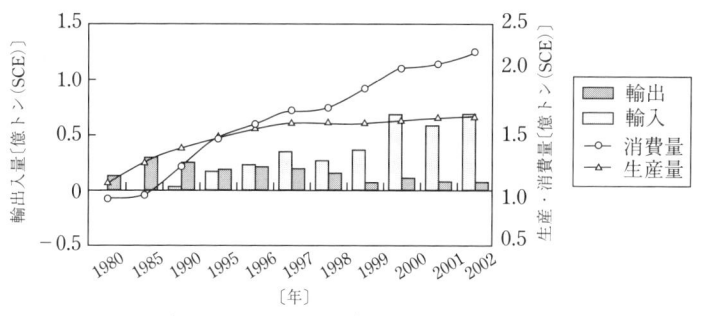

※ SCE（Standard Coal Equivalent）は石炭換算量。

図2 中国の原油の需給と貿易の推移[2]

※ SCE（Standard Coal Equivalent）は石炭換算量。

ようなエネルギー政策を追求すれば，上記のような対立は十分に避けられるのではないか。さらに今後は原子力発電所や大型の水力発電用ダムの建設，自然エネルギー（太陽光，風力発電など）の導入も中国で計画されている。〔行本〕

コメント　エネルギー政策が国家単位で考えられていると，どうしても資源の取合いになりがちである。アジア地域全体で考えれば，中国やインドのエネルギー問題が最も深刻であり，その解決に日本が協力することは日本にとっても有益であるはずだ。資源の取合いは両国のみならず，地域全体にとってもよくない。アジア地域全体でのエネルギー政策が求められる。〔鈴木〕

引用・参考文献
1) 日本DMEフォーラム：DMEハンドブック，オーム社（2006）
2) 経済産業省：通商白書2005, http://www.meti.go.jp/report/tsuhaku2005/

化石燃料　　05

LNGはエネルギーを無駄なく使える？

→ 関連：CO_2・地球温暖化 19

　LNGとは英語の"liquefied natural gas（液化天然ガス）"の頭文字をとり，地中から発生する天然ガス（メタンガスを主成分とする可燃性ガス）を-162℃に冷却し液化したものである。液化する工程で除塵，脱硫，脱酸素および脱湿などの前処理を行うため，硫黄やCO_2などの不純物を含まないクリーンなエネルギーになり，しかも液化した天然ガスの体積は気化した状態の1/600で，経済的に大量に輸送や貯蔵が可能になる優れものになる。日本は島国であるがゆえに，ヨーロッパやアメリカのように天然ガスをほかの国からパイプラインで輸送してくることは難しい。日本には，現在，約6 330万トン（全世界のLNGの約40％）のLNGが輸入されている。

　LNGの環境負荷が比較的少ないといわれる理由は，天然ガスの原料はメタンで，炭素含有率が低く，燃焼させた際のCO_2の排出量が石炭に比べて少ないことである。また，天然ガスの都市ガス利用においてCO_2発生量を比較すると，天然ガスの採掘から，液化，海上輸送し，国内での都市ガスとして利用まで，石炭を100とすると，石油が77，都市ガスは65で，都市ガスのCO_2の排出量は，はるかに少ない。また，NO_Xの排出量は石炭を100とすると，石油は70，都市ガスは20〜40であり，さらにSO_Xも排出されないので，環境適合性は非常に優れている。

　さて，LNGが無駄なく使われているかを調べるために，エネルギー収支を計算してみよう。まず，天然ガスの採掘から，液化，海上輸送し，日本国内に到着するまでのエネルギーが必要で，その比率は，採掘・液化に約81％，輸送に16％と，採掘・液化にかかる割合が高い。LNGの火力発電所を30年稼働したときの発電システムのエネルギー収支比（エネルギー資源を製造するのに必要なエネルギーとそのエネルギー資源から得られるエネルギーの比）を図1に示す。LNGを作るためにエネルギーを消費するので，LNG火力のエネ

ギー収支比は約6で,ほかのエネルギー資源に比べて必ずしも高くない。LNG製造(液化)に要したエネルギー(約220 kcal/kg)を受け入れ側の基地で回収できるかどうかということがエネルギーを無駄なく使うという観点で重要である。現状では,受入れ基地ではLNGの持つ冷熱エネルギーの大半を海水や空気などの加温流体に放出して捨てている。

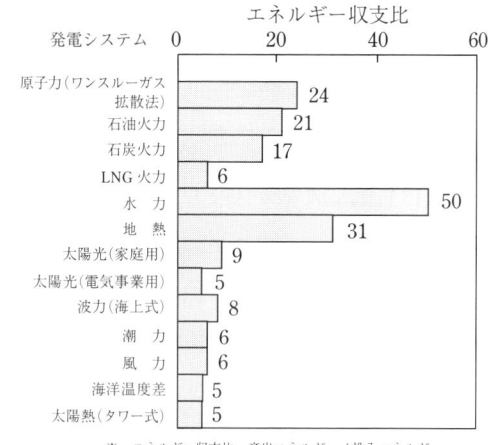

図1 LNG発電所を30年稼動させた場合のエネルギー収支比[1]

発電システム	エネルギー収支比
原子力(ワンスルーガス拡散法)	24
石油火力	21
石炭火力	17
LNG火力	6
水力	50
地熱	31
太陽光(家庭用)	9
太陽光(電気事業用)	5
波力(海上式)	8
潮力	6
風力	6
海洋温度差	5
太陽熱(タワー式)	5

※ エネルギー収支比=産出エネルギー/投入エネルギー

しかしながらLNGという液体の状態から直接昇圧して高圧ガスとして送出していることにより昇圧ポンプの動力費を大幅に低減でき,エクセルギーの尺度で評価をすると,冷熱エネルギーの約50%は送出圧力の形で活用されているという試算もある。冷熱エネルギーの高効率利用を図るため,① 冷熱発電 ② 空気液化分離(深冷分離) ③ LNGタンク内で気化するボイルオフガス(BOG)の再液化 ④ ドライアイス製造 ⑤ 食品冷凍・冷蔵 ⑥ 低温粉砕 ⑦ 医療用原料としてメタン中の炭素安定同位体の分離などに利用する技術が実用化されているものの,冷熱利用して気化したガスは都市ガスもしくは発電用として送出するので,供給量が低下する夜間送出量が冷熱利用の上限になっている。冷熱の新しい利用技術の開発が望まれている。〔二宮〕

コメント LNGは環境に優しい燃料であり,その利用用途も広がっている。液体燃料として輸送し,気化して天然ガスとして利用する場合,エネルギー収支比は必ずしもほかの燃料に比べ高くなく,冷熱利用がキーとなる。〔行本〕

引用・参考文献

1) 内山洋司:発電システムのライフサイクル分析,研究報告,Y94009, p.16, 電力中央研究所 (1995)

化石燃料　06

石炭火力発電所は変わった？

→関連：CO_2・地球温暖化 18, 20

　石炭は石油，天然ガスなどに比べて灰分を多く含み，窒素，硫黄を多く含むものもあるため，その利用に際しては十分な環境対策が必要である．日本の石炭火力発電所では，関係自治体との環境保全協定などに基づき，大気汚染，水質汚濁，騒音，振動などの防止対策が講じられ，さらに，これらの対策が効果を上げているかどうかについて監視や観測を常時行っており，クリーンなイメージが浸透しつつある．

　石炭火力発電の仕組みと環境保全対策を図1に示す．まず，ボイラーで石炭を燃やす際には燃料の中にある硫黄分が硫黄酸化物（SO_X）となって発生したり，空気中の窒素が酸素と結合して窒素酸化物（NO_X）が発生するほか，未燃分や灰分からのばいじんも発生する．これらの物質は大気汚染の原因となるため，法律や周辺自治体と締結している環境保全協定などにより，かなり厳しい排出基準が定められている．発電所ではこれらの基準を超えないように，排ガス処理として，排煙脱硫装置，排煙脱硝装置，電気式集じん装置を設置している．つぎに水質関係として，発電所の運転に伴って発生する排水は，排水処理設備で浄化し，水質連続測定装置などにより常時監視をしながら排水し，さ

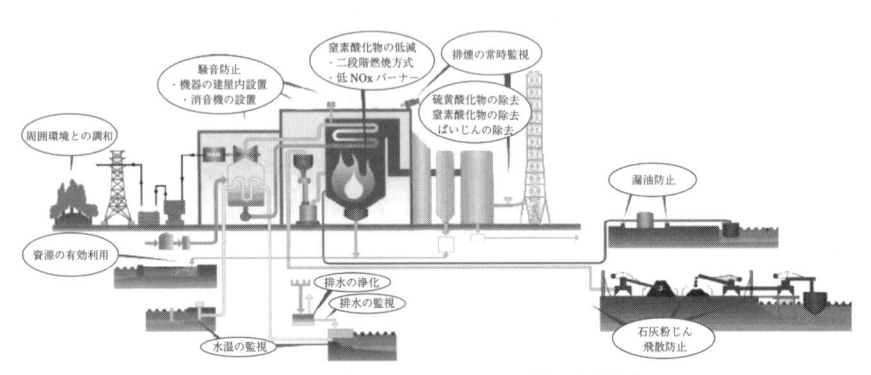

図1　石炭火力発電の仕組みと環境保全対策[1)]

らに復水器で使用する海水の水温上昇を抑えるため,取水にあたっては温度の低い深層からゆっくり取り入れ,放流においては放水流速を低減させてゆるやかに表層へ放流するなど,周辺環境への影響を少なくするように配慮している。石炭火力発電所からの廃棄物として最も量の多いものは石炭灰であるが,大部分がセメント原料の粘土代替やフライアッシュセメント,道路材,建築材などに利用されており,管理型の最終処分場に埋立て処分される量は減少している。

また,最近の発電所では,周辺環境への影響を考慮し,騒音・振動対策,産業廃棄物対策,景観保全対策,緑化対策なども積極的に行い,さらに,発電所の景観対策として,コストを考慮しつつ,地域景観との調和を図ったデザインが採用されている。

このように,石炭火力発電所は,従来の環境対策の枠組みの中ではクリーンな発電所となりつつある。しかしながら,石炭は炭素が主体であることから,CO_2削減の取組みがクローズアップされる可能性があり,大口の石炭消費者の一つである火力発電所のCO_2対策の取組みが,今後期待される。〔二宮〕

コメント クリーンな石炭利用技術が期待されている。現在すでに火力発電所では多くの環境保全対策がなされており,さらに排ガス中CO_2の地下固定化(**図2**),海洋バイオマス利用の検討が進められ,豊富な石炭の利用が今後も進められていくであろう。〔行本〕

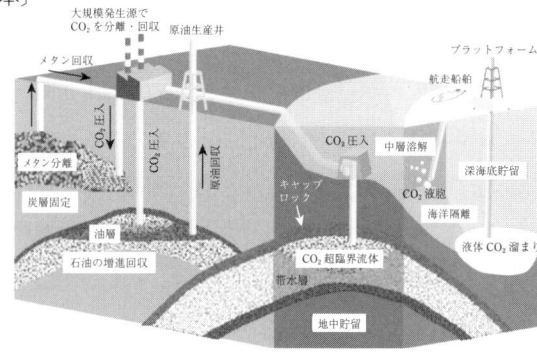

図2 CO_2の地中固定化

引用・参考文献
1) 東京電力:パンフレット「常陸那珂火力発電所」(2004)

| 化石燃料　　　　07 |

日本にはエネルギー資源がない？

→ 関連：化石燃料 01 / 政策・雑学 09, 10 / 新エネルギー 03

　生活や経済活動に必要なエネルギーのうち，自国内で確保できる比率をエネルギー自給率という。わが国の場合，高度経済成長期にエネルギー供給量が大きくなる中で，石炭から石油への燃料転換が進み，1960 年には 56 ％であった石炭，水力など国内の天然資源によるエネルギー自給率は，石油が大量に輸入されるとともに大幅に低下した。石油危機後導入された天然ガス，原子力の燃料となるウランはほぼ全量が海外から輸入されているため，現在のエネルギー自給率は水力などわずか 4 ％である。なお，原子力の燃料となるウランは，一度輸入すると数年間使うことができることから，原子力を準国産エネルギーと見なすことができ，エネルギー自給率は，原子力を含めると第 1 次石油危機時の 1970 年度の 15 ％から 20 ％へと若干の改善が見られる。

　つぎに，供給されたエネルギーがどのように消費されているかの流れ（エネルギーフロー）を図 1 に示す。原油，石炭，天然ガスなどの 1 次エネルギーが供給され，電気や石油製品などに形を変えるエネルギー転換部門（発電所，石油精製工場など）を経て，最終的に消費されるという流れになっている。このフローの中で，発電ロス，輸送中のロスならびに自家消費が発生し，最終消費者に供給されるエネルギー量は，日本の国内 1 次エネルギー供給を 100 とすれば，最終エネルギー消費は 69 程度になっている。さらに 1 次エネルギーの種類別にその流れを見ると，原子力，水力，地熱，新エネルギーなどは，そのほとんどが電力に転換されている。一方，天然ガスについては，電力と都市ガスへの転換も大きな割合を占めている。石油については，電力への転換の割合は小さく，そのほとんどが石油精製の過程を経て，ガソリン，軽油などの輸送用燃料，灯油や重油などの石油製品，石油化学原料用のナフサなどに転換されている。石炭については，電力への転換および製鉄に必要なコークス用原料炭への使用が大きな割合を占めている。

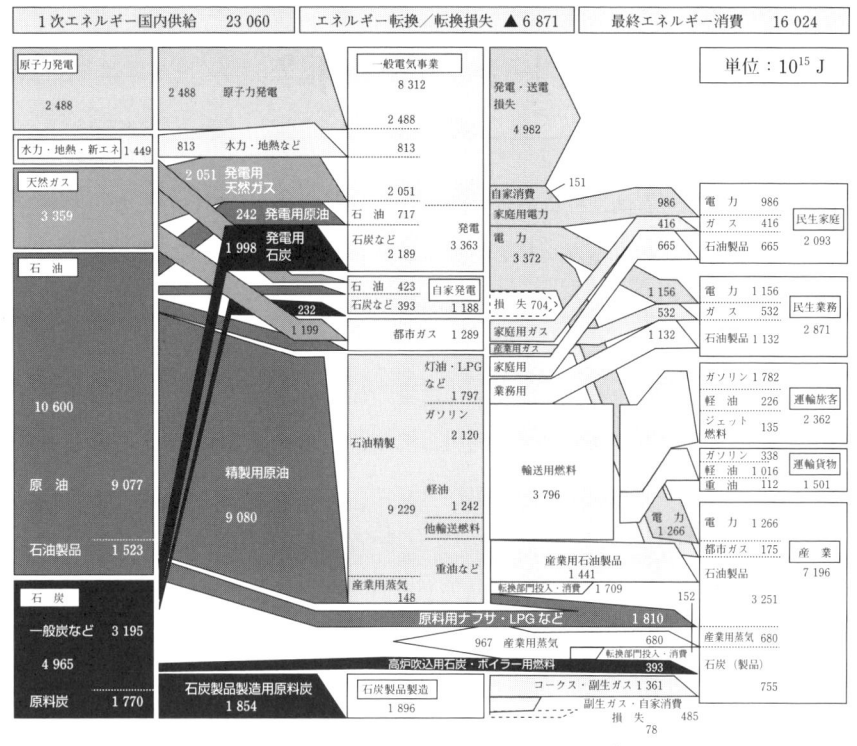

図1 わが国のエネルギーフローの概要[1]

これらをまとめると，わが国のエネルギー戦略は，資源外交により1次エネルギー資源をいかに安定的に確保するかが最初の課題になる。この点は，中国や米国など資源大国と大きく異なる点で，これらの国では自国で産出する1次エネルギー資源を効率よくクリーンに利用することが課題となっている。世界的に見れば，1次エネルギー資源は当面は十分にあるので，エネルギー自給率が4％にすぎないわが国にとっては，このようなエネルギー状況の深刻さと特殊性を十分に認識した対応が今後とも不可欠である。〔二宮〕

コメント エネルギー自給率4％の日本は資源のない国であるが，自然エネルギーや廃棄物燃料，発電など解決の糸口を見つけていかなければならない。〔行本〕

引用・参考文献
1) 経済産業省資源エネルギー庁：総合エネルギー統計2004年版

化石燃料　08

石油は「ずっと」あと40年？

➡ 関連：化石燃料 09, 10

　現代社会では，石油は社会や生活を維持するためになくてはならない必需品になっている。自動車のガソリン，飛行機の燃料，家庭の灯油，火力発電用の燃料などのエネルギー源としてだけでなく，化学繊維，プラスチック，合成洗剤，化粧品などの原料としても幅広く使われ，石油がなければ私たちの生活は成り立たなくなっている。石油は炭化水素の複雑な混合物で，油田から採取された"原油"を，その沸点の差を利用して蒸留・精製して分離し，さらに合成してさまざまな石油製品が作られている。

　日本では石油資源が皆無に近く，そのほとんどを外国，特に中東地域から輸入している。このような重要な石油資源の確認可採埋蔵量は，2005年現在，約1兆2007億バレルといわれ，可採年数は41年である。この数字を信じると，われわれ人類は，41年後に石油資源の枯渇という現実に直面する。これは本当だろうか。

　石油の資源量は，30年前から世界的に原油はあと30年といわれ続けて，いまもその30年（最近は40年）は変わらない。この内容を理解するには，まず，地球上に石油はどのくらい存在しているかを推定することが必要である。概算でもよいから，究極可採埋蔵量を知ることが重要である。石油の究極可採埋蔵量は，いままでに多くの研究者によって調査・推定され，図1に示すように，年代とともに増加しているが，1.8～3兆バレル辺りとされている。石油資源の場合には金属資源と異なり，地下に埋蔵する石油を流体力学的に採掘するために，その全量を取り出すことは困難である。油層の圧力で自噴あるいはポンピングによる原油の回収法（1次回収）は，原始埋蔵量の10～25％程度とされ，油層に水またはガスを圧入して油層圧を維持する回収法（2次回収）を採用すると回収率は30～40％程度になる。近年，この回収率をさらに高くするために増進回収技術（EOR：enhanced oil recovery）が開発され，回収率が40

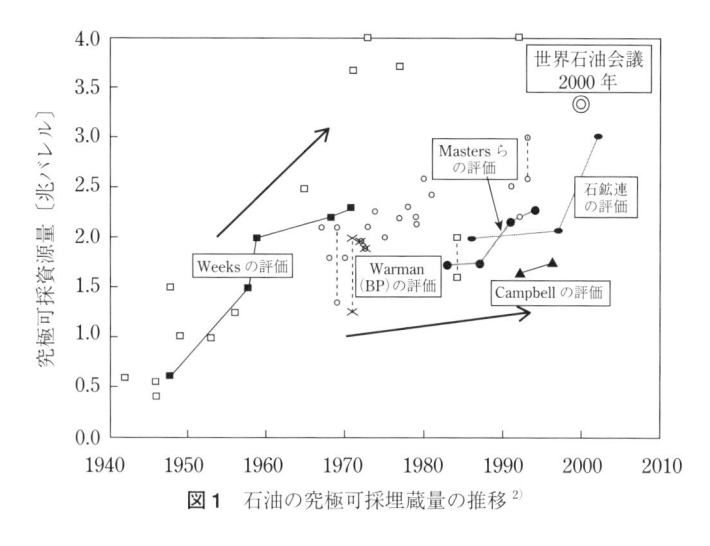

図1 石油の究極可採埋蔵量の推移[2]

～60％以上に達するようになった。

以上，化石燃料としての石油系資源の埋蔵量は地球上に100年以上あると予想されるが，採掘にかかる費用も徐々に高騰するため，これらの資源がより貴重なものになり，省エネが重要なキーワードになる。〔二宮〕

コメント1 確認可採埋蔵量は40年であるが，推定可採埋蔵量は100年以上であるといわれており，価格高騰による採掘，新しい採掘法の開発，未知の石油資源の発見などまだまだ枯渇はしないと予想したい。〔行本〕

コメント2 可採埋蔵量や可採年数に関する統計はさまざまな機関から独自の数値が公表されており，はっきりとした数値は特定できない。しかし，先のBP統計を例にとっても，"あと40年で石油がなくなる"ということはなく，新たな油田の発見や，探査技術の向上，オイルサンドなどの採掘技術の向上，インフラ整備など，関連機関，企業の努力によって，近年の確認可採埋蔵量はむしろ増加しているため，可採年数についても今後，維持や増加が期待される。〔小島〕

引用・参考文献
1）経済産業省資源エネルギー庁：エネルギー白書2006年版
2）日本エネルギー経済研究所資料

化石燃料　09

石炭は2007年現在で，あと145年？

→ 関連：化石燃料 08, 10

　石炭は，世界の1次エネルギーの24％，発電の40％を占める重要なエネルギー資源である。石炭は古生代から新生代にかけて地球上に繁茂していた巨大な樹木が埋没し，地下深部の地熱と地圧によって炭化作用を受けて形成されたものである。石炭は炭素のほか，燃焼成分として水素と酸素，ほかに硫黄，灰分，水分などを含有し，石炭化度の指標である燃料比（固定炭素／揮発分）によって分類されることが多い。燃料比の低いほうから，褐炭，亜瀝青炭，瀝青炭，無煙炭となり，この順にだんだん石炭の年齢が加わっていくことになる。石炭の確認可採埋蔵量は，2004年の世界エネルギー会議によれば，世界全体で約9 091億トンであり，その内訳は瀝青炭と無煙炭が4 788億トンで，亜瀝青炭が2 733億トン，褐炭が1 588億トンである。一方，2006年の生産量は瀝青炭と無煙炭が53.7億トン，褐炭が9.1億トンで，確認可採埋蔵量（R）をその年の生産量（P）で割った値（R/P，一般に可採年数という）は145年になる。

　石炭の生産国は，中国（40％），米国（17％），インド（7％），オーストラリア（6％），ロシア（5％），南アフリカ（4％），ドイツ（3％）の順で，石炭の消費は，中国（39％），米国（16％），インド（8％），ロシア（4％），ドイツ（4％），日本（3％）の順で，これらの国で世界のほぼ3／4を消費し，さらに，南アフリカ，ポーランド，オーストラリアを加えると81％以上となり，世界の石炭はほぼこれらの国々で消費されている。

　さて，石炭の寿命は，あと145年というのは正しいだろうか？　統計データを注意深く読んでみるとわかるが，無煙炭や瀝青炭などの燃料比の高い石炭の可採年数は89年にしかならず，燃料比が低い亜瀝青炭，褐炭を含めると145年に延びる。国別の可採年数を計算してみると，さらに興味深い結果が得られる。**図1**の世界の炭種別可採埋蔵量分布を参考に石炭消費量が最も多い中国などの可採年数を計算してみると，中国の無煙炭や瀝青炭の可採年数は約25

凡例: □ 無煙炭・瀝青炭　■ 亜瀝青炭・褐炭

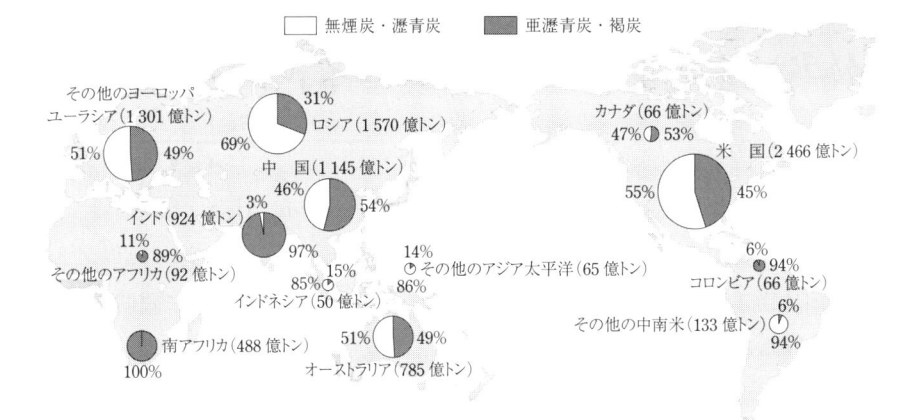

- その他のヨーロッパユーラシア（1 301 億トン）51%／49%
- ロシア（1 570 億トン）31%／69%
- 中国（1 145 億トン）46%／54%
- カナダ（66 億トン）47%／53%
- 米国（2 466 億トン）55%／45%
- インド（924 億トン）3%／97%、11%／89%
- その他のアフリカ（92 億トン）
- インドネシア（50 億トン）85%／15%
- その他のアジア太平洋（65 億トン）14%／86%
- コロンビア（66 億トン）6%／94%
- その他の中南米（133 億トン）6%／94%
- 南アフリカ（488 億トン）100%
- オーストラリア（785 億トン）51%／49%

図1 世界の石炭可採埋蔵量[1]

年となる。一方，米国は104年，インドは197年になる。わが国の可採埋蔵量は36億トンと少量であるが，産炭量が少ないため，可採年数は約320年となる。

現在の世界において石炭の利用が問題になるのは，その環境適合性である（化石燃料06「石炭火力発電所は変わった？」参照）。おもに大気汚染とCO_2による地球温暖化の問題で，深刻になりつつある。この問題を解決できる技術を開発しない限り，石炭の消費量を将来は減らさざるをえず，実際の可採年数は，逆に延びる可能性があるかもしれない。〔二宮〕

コメント　ここでいう寿命は，すでに存在が確認された埋蔵量を，生産量で割った値である。よって，この数字は，資源探索が進むと大きくなるであろうことに注意する必要がある。中国では化石燃料の9割が石炭である。中国の石炭火力発電所からは大量の排ガスが大気に放出されており，日本では最近黄砂の問題が発生している（黄砂とは，中国奥地の砂漠から春先に偏西風に乗って土壌や鉱物粒子が飛来する気象現象。大気汚染物質を取り込んで飛来してくることが問題となっている）。環境と資源の両方の問題を考えて，この世界に広がる可採埋蔵量豊富な石炭を有効に利用しなければならない。〔行本〕

引用・参考文献
1) BP: Statistical Review of World Energy 2005

化石燃料　10

本当にあるの？　メタンハイドレート

➡ 関連：化石燃料 01, 07

　メタンハイドレートは，メタン分子（CH_4）と水分子（H_2O）とからなる気体包接水和物で，理論化学式は $CH_4 \cdot 5.75H_2O$ で表される氷（シャーベット）状の固体物質である。図1に示すように結晶構造の空間に完全に隙間なくメタンが取り込まれる場合，$1\,m^3$ のメタンハイドレートを分解すると水 $0.8\,m^3$ と，メタンガスが約 $170\,m^3$（大気圧下，0℃）を生成する。天然に存在するときは，陸域では高緯度地帯の永久凍土（ツンドラ）の下部地層や大陸の氷床中，海域では深さ 500 m 以深の大陸棚斜面ならびに深海底の堆積物の中に存在しているが，通常，石油や天然ガスよりも浅部に存在している。現在試算されている世界の原始資源量（人類が掘り出し始める前に存在していた資源量）は 404 兆 m^3 で，在来型天然ガスの原始資源量 437 兆 m^3 に匹敵する量があると推測されている。日本近海では原始資源量は 7.4 兆 m^3 で，これは 2007 年度のわが国の天然ガス消費量 902 億 m^3 の約 82 年分に相当する量が集積していると推定されている。

　メタンハイドレートは，日本の周辺海域にも大量に分布するため，エネルギー資源の少ないわが国にとっては，未来のエネルギー資源として期待されて

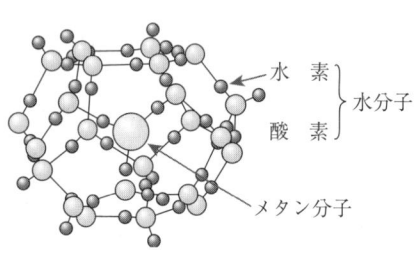

図1　メタンハイドレート結晶構造の一部を構成する5角12面体

図2　燃えているメタンハイドレート

いるが，メタンハイドレートは固体であるため液体である石油とは違い，現段階では採掘にかかるコストが販売による利益を上回ってしまうため，商売として成立せず，研究用以外の目的では採掘されていない。わが国では2016年までにこれらのメタンハイドレートの商業化に必要な技術を完成させるためのプロジェクトが実施されている。商業的な生産を開始するには，① メタンハイドレートは固体であるため，なんらかの方法で地層中において分解させ，流体であるメタンガスに変換して生産する方法の開発 ② 生産に伴う坑井周辺地層の海底地盤の変動や沈下，メタンハイドレート含有層自体の崩壊などによるメタンガスの大量放出の危険性（メタンガスは CO_2 の21倍もの強さを持つ地球温暖化物質である）③ 日本周辺でメタンハイドレートが存在する海域は水深が $500 \sim 2000$ m で，大水深の油田やガス田の開発に比べると浅いが，それでも高い技術力や作業の習熟度が要求され，開発コストが高額となること，などの課題がある。

　メタンハイドレートの商業的な産出のための技術開発には，少なくともあと10年以上かかるとされており，メタンハイドレートが夢の資源で終わるのか，それとも将来実用化されてわれわれの生活を潤すことができるのかは，今後の研究開発の進展にかかっており，若い人の力によって是非，わが国において商業生産を実現したいエネルギー資源である。〔二宮〕

> **コメント1**　メタンハイドレードの商業化にはまだ時間がかかる。日本の近海には有用な資源として大量に埋蔵されており，将来のエネルギー資源として期待したい。〔行本〕

> **コメント2**　あくまで私見である。メタンハイドレートからメタンをガスとして取り出すには，熱を与える必要がある。メタンハイドレートは固体である。固体の中で熱を伝えることは，基本的にはその固体の物性だけで決まるので，技術の出番はあまりないし，結局難しい，ということになるように思う。固体をそのまま吸い上げるなど，熱を与えるのではない技術を考える必要があるのだろう。〔小島〕

化石燃料　11

私たちは石油を食べて生きている？

　石油は私たちの日々の生活や企業がさまざまな生産活動を行ううえで，必要不可欠な基礎物質である。そのため，産業活動が活発になり，私たちの生活水準が向上するのに伴って，石油の消費も大幅な増加を続けてきた。日本の経済活動の水準を表す指標として，GNP（国民総生産）あるいは GDP（国内総生産）が知られている。石油の消費と実質 GNP・GDP の間には強い相関がある。日本における過去 100 年の実質 GNP と石油消費の推移を見ると，戦争期を除きほぼ並行して右肩上がりで増加傾向を示している。特に，戦後復興が始まった 1950 年代から第 1 次石油危機が起きた 1973 年までの時期は年率 10 % 前後の高度経済成長が続き，鉄鋼業や石油化学，セメント，紙パルプなどの石油多消費産業が日本経済の牽引力になった。

　1973 年と 1980 年代の石油危機を契機として，日本の実質 GDP 成長率は 3.5 % となったが，石油消費の伸び率はほぼゼロ成長となり，経済成長とエネルギー消費の関係に相関がなくなった。その後，1986 年に原油価格が急落し，再び経済成長とエネルギー消費の間に相関関係が見られるようになった。最近の日本のエネルギー消費は米国，中国，ロシアについで世界第 4 位の規模に達しており，一人当りの消費量では米国の約半分で，EU とほぼ同じ石油換算 4 トン／人である。

　日本の 1 次エネルギー供給量は，1955 年から第 1 次石油危機が起きた 1973 年までの 18 年間に約 7 倍に増加し，増加の大半は石油である。その後の原油高騰があったものの，1 次エネルギー供給構成比に占める石油比率は 50 % 前後で（**図 1**），依然石油依存，特に中東油田に依存している。

　家庭でのエネルギー消費を見ると，自家用車（ガソリンを消費），家電製品（電気は石油を燃やして発電），容器包装プラスチックの消費（プラスチックは石油製品）など石油依存が大きく，私たちは石油を食べて生活しているともい

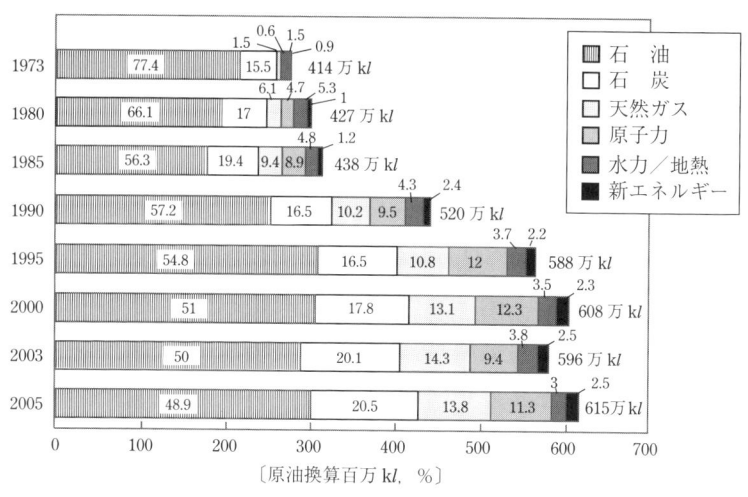

図1 日本の1次エネルギー供給構成比（経済産業省「総合エネルギー統計」ほかより）

凡例：石油／石炭／天然ガス／原子力／水力・地熱／新エネルギー

年	石油	石炭	天然ガス	原子力	水力/地熱	新エネルギー	合計
1973	77.4	15.5	1.5	0.6	1.5	0.9	414万kl
1980	66.1	17	6.1	4.7	5.3	1	427万kl
1985	56.3	19.4	9.4	8.9	4.8	1.2	438万kl
1990	57.2	16.5	10.2	9.5	4.3	2.4	520万kl
1995	54.8	16.5	10.8	12	3.7	2.2	588万kl
2000	51	17.8	13.1	12.3	3.5	2.3	608万kl
2003	50	20.1	14.3	9.4	3.8	2.5	596万kl
2005	48.9	20.5	13.8	11.3	3	2.5	615万kl

〔原油換算百万kl，％〕

※ 四捨五入の関係より100％にならな場合がある

えるのではないだろうか。

石油は，火力発電所で発電に用いられるだけでなく，日常生活に不可欠な化学原料としても利用されており，石油の枯渇はエネルギー供給だけでなく，日常生活にも大きな影響を及ぼす恐れがある。地球温暖化への取組みが重要な課題となっている現代社会では，民生や輸送分野の省エネ対策や自然エネルギーの活用が脱石油社会の実現のためキーワードとなる。〔行本〕

コメント 確かに，一昔前に話題となった石油タンパクという話は最近は聞かれなくなった。しかし，日本の1次エネルギー総供給の約半分が石油（原油のほかに原油から作られたと石油製品を海外から輸入した量を含む）であり，世界の諸外国に比べて非常に高い。食品の輸送には自動車やトラックが使用されており，運輸部門の燃料消費もガソリン，軽油の石油である。"季節"の果物も，重油や灯油を焚いた温室で栽培されている。われわれ日本人は石油を"食べて"生活しているとさえいえるのではないだろうか。〔小島〕

引用・参考文献
1) 佐藤正知，蛯沢重信：図解雑学 エネルギー，p.168，ナツメ社（2000）

省エネ・省資源　01

クリーンエネルギー自動車は高くて当たり前？

➡ 関連：省エネ・省資源 04, 05

　自動車の歴史は，まさに効率化と環境対策の歴史であったので，環境とエネルギーの調和に関する取組みはほかの分野に比べて進んでいる。すでに，電気，天然ガス，メタノール，LPG，DME（ジメチルエーテル）を使った自動車やハイブリッドカーなどが出現しており，総称してクリーンエネルギー自動車と呼んでいる。クリーンエネルギー自動車の共通した効果は窒素酸化物や硫黄酸化物を削減できることである。CO_2 の削減はすべてのクリーンエネルギー自動車について可能とはいえない。化石燃料に頼るクリーンエネルギー自動車が多いことも事実である。なお，環境省は低公害車排出ガス技術指針を策定しており，その中で電気自動車，メタノール自動車，天然ガス自動車，ハイブリッドカーを低公害車と定義し，排ガスに関する技術開発目標を定めている。

　電気自動車は有害物質，CO_2 の両方について削減効果が大きい。自動車本体のバッテリーのコストは高く，電気を供給するインフラの整備が大変といった課題があり，本格的な水素燃料を使う燃料電池自動車にも共通する課題となっている。

　天然ガス自動車，メタノール自動車，LPG 自動車，DME 自動車のいずれもいまのガソリン自動車あるいはディーゼル自動車に比べて，汚染物質，すなわち窒素酸化物や炭化水素，煤が発生しにくいという性質がある。これらのクリーンエネルギー自動車の普及に大きな問題となるのは，車両本体の価格に加えて，その燃料の価格と供給である。現状ではガソリンに比べ燃料は高価で，DME は生産体制の確立が望まれている。

　電気自動車などのクリーンエネルギー自動車は低公害が売り物であるが，ハイブリッドカーは，低公害と同時に高効率車でもあり，ガソリンで走るという点からは従来車の範疇にも入る。トヨタプリウスの発売開始（1997 年）から 10 年を経過し，車体価格も高級車並みになり，燃費も良く，連続走行距離も

通常のガソリン車と遜色ないレベルになっている。最近注目されている燃料電池自動車は燃料と空気を化学反応により電気として取り出し，取り出した電気を使ってモーターを動かす，いわば燃料で動く電気自動車である。車上でメタノールやDMEを改質して水素を供給する方法が有力であるが，改質器や燃料電池本体の価格が高く，実用化は2030年ごろといわれている。

　クリーンエネルギー自動車の普及状況を**表1**に示す。この中ではハイブリッドカーの占める割合が大きく，また伸びも顕著である。確かにクリーンエネルギー自動車は現状ではコスト高は否定できないが，環境に優しい優れた技術であり，将来に向かってどのようなシナリオを描くかが重要となっている。環境とエネルギーの調和を考えると，エネルギー利用の大きな自動車部門での環境負荷を削減する意義は大きい。さらに自動車産業は技術的な裾野が大きく，高い開発力を持っている。近い将来，ライフサイクルを考慮すると決して高くない，お買い得な自動車となることを期待したい。〔行本〕

表1　クリーンエネルギー自動車の普及状況（台数）

クリーンエネルギー自動車の種類	2001年	2002年	2003年	2004年	2005年	2006年
ハイブリッドカー	50 282	75 216	91 200	132 516	196 770	256 644
天然ガス自動車	7 811	12 012	16 561	20 638	24 263	27 263
電気自動車	3 830	4 725	5 600	7 677	8 468	9 928
メタノール自動車	157	135	114	62	60	26
合　計	62 080	92 088	113 475	160 893	229 561	293 861

コメント　クリーンエネルギー自動車はいずれも，車両本体，燃料，供給インフラともガソリン車に比べ割高である。普及促進事業であれば割高でも仕用がないとも考えられる。究極のクリーンエネルギー自動車はCO_2フリーの水素を利用した水素自動車もしくは燃料電池自動車であろうが，しかしいつまでたっても高い価格はどうにかならないのだろうか。〔小島〕

引用・参考文献

1) 小島紀徳：21世紀が危ない，p.29，コロナ社（2001）
2) 井熊均，岩崎友彦：図解 よくわかるリサイクルエネルギー，p.19，日刊工業新聞社（2001）
3) 杉本和俊：ディーゼル自動車がよくわかる本，p.219，山海堂（2006）
4) 環境再生保全機構webページ，http://www.erca.go.jp/

省エネ・省資源　02

雨水利用で本当に省エネといえる？

　人類が採集狩猟生活から農業を始め文明が生まれたとき，その農業は雨水や雨水の集まった河川水を利用して成立した。現代農業も依然として雨水に依存しており，現代の人類文明そのものが雨水利用の上に成り立っているといえ，いまさら"省エネといえるのか"という問いは，ある意味では奇異である。そこで，農業利用はもちろん，上下水道用や水力発電用といった従来型の雨水利用ではなく，各住宅レベルの分散型雨水利用に限って紹介する。

　それでは各住宅レベルでの雨水利用によって省エネするためにはどうしたら最もよいか。この答えは非常にはっきりしている。夏に貯水していた雨水を屋根に散水して冷房負荷を下げることである。ビルの屋上緑化も同じ理屈である。庭や窓に散水することもある程度効果があるし，住宅の断熱の最大の弱点である窓ガラスに散水するのも効果があるだろう。水 $1\,m^3$ の蒸発熱は約 $700\,kW\cdot h$ だから散水した水が全量蒸発して吸熱するわけではもちろんないにしても，水の蒸発熱の利用による冷房負荷の低減は十分な効果があることがわかる。水道料金の料金体系のひずみを無視してかりに上水を散水しても十分省エネ効果はある。

　一方，各住宅で雨水を利用して上水の利用を節減することは省エネ効果がない。上水道事業の場合，そのコストや利用エネルギーのほとんどは設備の増設を必要とする場合を除いて水の使用量によらず一定だから，各住宅で雨水利用するために使ったエネルギー分だけむしろエネルギー消費量は増加する。いま少なくとも日本においては上水道設備の容量は余っており増設する必要はないことも明らかである。水道料金は社会的料金政策により実際のコストに比べて従量料金に多く配分されているので雨水利用（あるいは地下水利用）すれば費用の節減にはなるが社会全体としては最適とはいえない。エネサーブをはじめとしたオンサイトモノジェネ発電設備（大規模小売店舗などに小型ディーゼル

発電設備を入れ，電力料金を節減するシステム）が，電力料金の節減にはなってもエネルギー消費量と温室効果ガスの排出量の増加をもたらしたのと同じ構造である。オンサイトモノジェネ事業者は電力料金制度の人為的ひずみの部分的是正によりあっけなく退場したが。〔一本松〕

コメント1 雨水利用は限られた利用用途の中で検討されているが，省エネの観点ではこのような蒸発潜熱の利用による夏の冷房効果は有効であろう。雨水利用はエコ意識の向上による節水効果の期待が大きい。簡単なタンクと放水ポンプがあれば，あまりお金と労力をかけずに雨水は利用できる。自宅の庭への散水には是非利用したいものである。図1の例では雨水利用設備があれば10 mmの降水で約700 l の雨水が貯まる。月の水道使用量の半分がカバーできている勘定である。〔行本〕

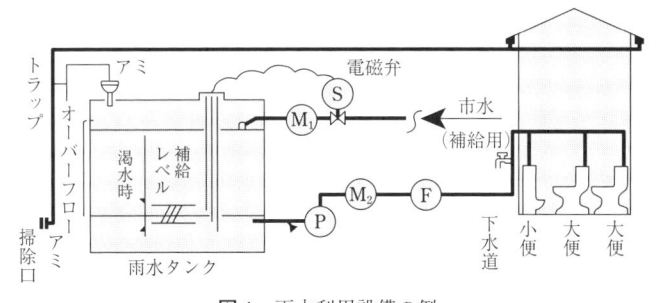

図1 雨水利用設備の例

コメント2 例えば東京都の場合には，1 m^3 の水を作り，これを供給するために，0.4～0.5 kWhの電気エネルギーを使っている。1.5 MJ程度である。この電気エネルギー量は東京都全体で使用している電気量の約1％にも相当する。膨大な量である。しかし，その一方，水が少ない場所で，海水から真水を作るとしたら，どのくらいのエネルギーが必要なのだろうか？ 同じ量を，省エネルギー型淡水化法といわれる逆浸透法により作るなら，50 MJのエネルギーが必要となる。沙漠の真ん中にある産油国はもちろん，日本でも離島や長崎県ハウステンボスでは，このように大量のエネルギーをかけて水を作っている。〔小島〕

省エネ・省資源　03

サマータイムやフレックスタイムの導入は省エネに役立つの？

　長年日本でその効果が議論されながら結論が出ていない問題として，サマータイムの導入の是非がある。夏の朝は涼しく十分明るいので，サマータイムの利用によって人々の活動時間帯が1時間ずれるとすると省エネになることは明らかである（**表1**）。日本でもエネルギー消費の制限されていた江戸時代までは，原則として夜明けとともに1日は始まったのだから不可能ではないはずである。それに対してサマータイム採用反対派の論理は"法律や制度で労働時間を決めてもそれは所詮建前であり，実態は変らず効果は上がらないのだから複雑な制度を導入するだけ無駄"という主張である。このサマータイム導入反対派の論理が正しいとすると"フレックスタイムを導入しても実際の労働実態はほとんど変わらず省エネにならない"ということになる。

　この反対派の意見に一定の説得力があるため，日本では欧米で一般的なサマータイム制度は導入されていない。しかし，制度（建前）が変わっても実態は変わらないという意見は正しいのだろうか。確かに制度が変わっても実態は

表1　サマータイム制度導入による省エネ効果試算[1]

			省エネ効果〔原油換算万 kl〕
直接的な省エネ効果	家庭用照明需要		40.3
	家庭用冷房需要		▲2.8
	業務用冷房需要		8.1
	業務用ガス冷房需要		1.4
	北海道・東北地方の冷房需要		2.2
	業務用照明需要	自動車教習所	1.5
		ゴルフ練習場	2.6
		ガソリンスタンド	15.6
		公共用ナイター	3.8
		プロ野球球場	0.1
		広告用ネオン照明	2.0
		広告用看板照明	0.7
		その他	2.8
	自動車照明需要		8.5
	（小　計）		86.8
余暇需要拡大の影響	生産誘発に伴う増エネ効果		▲39.1
	ドライブ需要拡大に伴う増エネ		▲3.6
	住宅率低下に伴う省エネ		5.9
	（小　計）		▲36.8
	（小　計）		50.0

すぐに変わるわけではない。しかし，制度の変化は緩やかにある程度の時間をかけて実態を変化させていくこともまた事実である。飲酒運転の罰則の強化は，社会の飲酒の習慣を変えつつあるし，一連のサービス残業の摘発もわずかずつではあるが労働慣行を変えつつある。したがって，フレックスタイムも少しずつ社会に実態として定着して行くと考えられる。

　それでは，フレックスタイムが定着したとき，従来の労働慣行に比べて省エネになるのだろうか？　じつはフレックスタイムのエネルギー消費に及ぼす影響はサマータイムのように単純ではない。フレックスタイムにより通勤ラッシュが緩和されれば，勤労者のストレスが減り仕事の能率が上がって省エネが進む可能性がある。特に工業製品の設計水準の向上や生産工程の合理化が進めば大きな効果が期待できる。しかしながら，単純にオフィスの消費エネルギーだけを考えれば，フレックスタイムによりオフィスでだれかが働いている時間は明らかに長くなるので，エネルギー消費は増加せざるを得ない。

　これらの効果を定量的に測る方法があればよいのだが，現在 IT 技術の長足の進歩によりフレックスタイムの影響の最も大きい研究職や専門職の働き方が急速に変わっており，フレックスタイムのみの影響を見ることは不可能である。少し横道にそれるかもしれないが，現在，急速な景気回復と産業構造の変化，IT 技術の進歩により，高度専門職の労働密度は飛躍的に上昇しており，筆者などでも深夜早朝に自宅やホテルでメールを処理することは常態になっている。筆者自身は被雇用者ではないとはいえ，年間実質 3 000 時間近くも働いており，フレックスは関係ないといわざるを得ない。〔一本松〕

コメント　日本人は働き過ぎなのかもしれない。通勤地獄から少しでも逃れることができるフレックスタイムの精神面での省エネ効果は大きい。コアタイムでの会議時間の短縮や仕事の効率アップは確かに省エネに寄与するかもしれない。〔行本〕

引用・参考文献
1) 省エネルギーセンター web ページ，http://www.eccj.or.jp/SummerTime/conf/

省エネ・省資源　04

ハイブリッドカーは10年乗れる？

➡ 関連：省エネ・省資源 01, 05

　ハイブリッドカーは，エンジンのほかに発電機，電動モーター，蓄電池を持つ自動車である。エンジン単独では非常に効率の悪い低負荷領域でのエンジンの運転を避けることによって燃費を向上させる仕組みである。自動車用ガソリンエンジンは最高効率点では30％を少し超える効率を持っているが，効率ゼロのアイドリング状態からの全平均効率は最高効率の半分にも満たない。しかし，エンジンをつねに最高効率近くで運転し，エネルギーが余ったら蓄電し，十分な蓄電量があるときにはモーターのみで駆動することにより，2倍以上の平均効率でエンジンを動かすことができ，蓄電池やモーターのロス，さらに車体の重量増加のロスを差し引いても同一クラスの一般車に比べ約2倍の燃費を達成できる。これがハイブリッドカーの仕組みである。また，ハイブリッドカーは電気自動車などのほかのクリーンエネルギー自動車に比べてガソリンスタンドなどの既存のインフラがそのまま使えるという利点を持つ。

　このように一見非常に良いところのみのように見えるハイブリッドカーの最も重要な疑問点は"ハイブリッドシステムは十分な耐久性を持っているか"ということである。表題の「ハイブリッドカーは10年乗れる？」という疑問はこのことを指摘している。ハイブリッドシステムといっても機械部分の耐久性に大きな疑問を持つ人はいないので，問題は"ハイブリッド用蓄電池は10年持つか"ということである。読者の皆さんも携帯電話の蓄電池が数年しか持たず，年数の経過とともに蓄電量が減るということを経験されていると思う。自動車用の蓄電池も基本的には同じだから，充放電と年数の経過による性能低下は避けられない。もちろん十分な容量の電池を積めば少々劣化しても大丈夫であるが，コストも高くなるし重量が増えて燃費も悪くなるのでほどほどで妥協しているのが現状である。電池を積替えるとすると純商業ベースでは20〜30万円程度が必要となるが通常のユーザーはその覚悟はできていないと思う。

トヨタ，ホンダをはじめとするハイブリッドカーのメーカーはフィールドでの蓄電池の積替えのデータを公表していないので，現状この問題を厳密に議論することはできないが，現状の技術レベルから判断すると10年経てばおそらく数%のハイブリッドカーの蓄電池の積替えが必要となると考えられる。蓄電池の性能が劣化して燃費が多少落ちても自動車は走れるので，この問題がどれだけ社会問題化するかは現時点ではよくわからないが，大手自動車メーカーの幹部にもこの問題を危惧する声があるのも事実である。

　将来的に，蓄電池の寿命が延びるかどうかについては正直だれもよくわからないと思う。物理化学的／電気化学的に電池の寿命が延びないという本質的な壁があるわけではないが，この分野の技術開発がある程度飽和点に来ていることも否めない事実なので。〔一本松〕

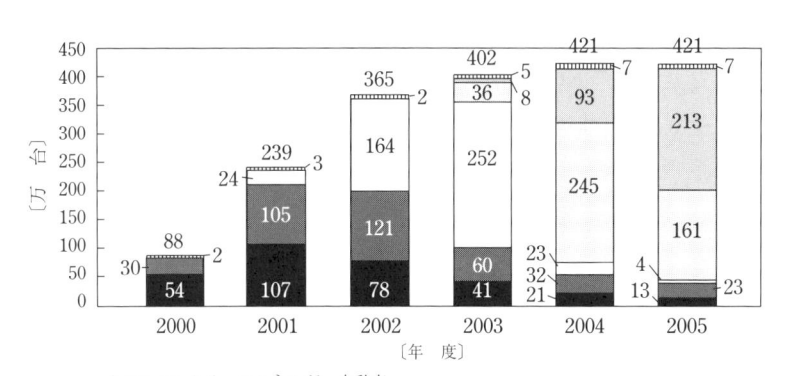

図1　クリーンエネルギー自動車の台数変化

上から
- クリーンエネルギー自動車
  (燃料電池自動車，電気自動車，ハイブリッドカー，天然ガス自動車，メタノール自動車，ディーゼル代替LPG自動車，水素自動車)
- ☆☆☆☆ 2005年基準排出ガス75%低減レベル
- ☆☆☆ 2005年基準排出ガス50%低減レベル
- ☆☆☆ 2000年基準排出ガス75%低減レベル
- ☆☆ 2000年基準排出ガス50%低減レベル
- ☆ 2000年基準排出ガス25%低減レベル

コメント　燃料電池自動車やソーラーカー，それにメタノール自動車やDME自動車が国交省のwebページで紹介されている。どの自動車もいまだ実用化できていない。プリウスは10年経って，20万台販売された。将来もしばらくはハイブリッドカーがクリーンエネルギー自動車であり，10年は十分乗れるだろう。〔行本〕

省エネ・省資源　05

電気自動車は環境に優しい？

→関連：省エネ・省資源 01, 04

　NO_x や SO_x，粒子状物質（PM）といった古典的大気汚染物質による環境破壊の防止という観点から見ても，温室効果ガスの排出抑制という観点から見ても電気自動車が環境に優しいことは明確である。

　電気自動車自体は電池に蓄えた電力で走行するので古典的大気汚染物質を出さない。もちろんその電力を発電する際に大気汚染物質は排出されるので，全体として見れば電気自動車はゼロエミッションではない。しかし，NO_x について考えてみるとディーゼル車の最新の規制値が 3.6 g / kW·h であるのに対して，東京湾岸の天然ガス燃料の ACC（advanced combined cycle）を用いた最新鋭火力発電所の NO_x 排出量は，その後の送電ロスや電気自動車の効率を考慮しても 0.05 g / kW·h 程度であり，電気自動車は 2 桁近く NO_x 発生が少ない。また，電気自動車自体はゼロエミッションなので PM の排出がないことはいうまでもない。

　一方，温室効果ガスの排出という点で見ると実質ベースの軸動力効率が通常の乗用車で 10 ％台前半（LHV：低位発熱量ベース），ハイブリッドカーで 20 数 ％に対して，電気自動車の場合，充電端で（総火力平均ベース）42 ％程度，充放電やモーターのロスを考えても 30 ％台半ばとなり，省エネかつ環境に優しいことも間違いない。燃料費の観点で見ても軸端 1 kW·h 当り充電用電力が 20 円程度に対して，例えばガソリン価格 100 円 / l をベースとすると 70 円 / kW·h，揮発油税を差し引いても 40 円 / kW·h 程度となり，大幅に割安である。

　それではなぜ環境に優しく，燃料費も安い電気自動車が普及しないのであろうか。それは 1 回の充電で走れる距離が 1 回の給油で走れる距離に比べて短く，また 1 回の充電に必要な時間が給油時間に比べて圧倒的に長いため利便性という観点で大きく見劣りするためである。蓄電池は重いので，自動車全体の重量をガソリン車やディーゼル車プラスアルファくらいに抑えた場合，1 回の充電

で走れる距離は同クラスの通常自動車の1/3くらいになる。また充電も通常数時間かかるので少し遠くに行くのに不便であることは間違いない。ただ，毎日の運行距離があらかじめほぼ決まっていて短い路線バスや宅配車などには比較的早期に導入可能かもしれない。いまゴルフカートの多くに使われているように。また，日本での実際の乗用車の運用を考えると通常の家庭で遠出することは少ないので，遠出用の車を地域社会でシェアして普段は電気自動車という考え方も可能かもしれない。ただしこのような考えは，自動車での長距離移動が日本より一般的なアメリカやヨーロッパでは難しいかもしれない。

眼を未来に向けて，このような電気自動車の欠点が克服されて普及が進むシナリオがないか考えてみる。蓄電池単位重量当りの蓄電量については技術的には飽和点に接近してはいるものの，ノートパソコンや携帯電話などの強力なニーズに支えられて開発が進められ，日々着実な進歩が見られる。どこまで進歩するか楽しみである。一方，充電時間の短縮についてはまだ有効な提案はなされていない。最近，これらを過渡的に解決する手段としてプラグインハイブリッドがにわかに脚光をあびている。系統電力から充電されたエネルギーを主に，エンジンの出力を従に走行するプラグインハイブリッドカーは電気自動車の一類型であり，当面のクリーンエネルギー自動車の本命といえるだろう。〔一本松〕

コメント 走行時にまったく排ガスを出さない電気自動車は最も低公害な車と考えられる。電気の多くは大規模火力発電所で作られるが，さまざまな公害対策がなされており，車から排出される量よりNO_xもSO_xも少ない。屋内のように閉鎖された空間や大都市で自動車が渋滞している場所での使用は，特に有効である。その一方で，自動車に搭載するバッテリーを作るには，エンジンを作るより多量のエネルギーが必要であり[1]，そこからCO_2が発生する。電気自動車は都市の環境を良くするが，地球温暖化対策には寄与しないのではないか。〔行本〕

引用・参考文献
1) 足立芳寛：エントロピーアセスメント入門，オーム社（1988）

省エネ・省資源 06

節水こまは水不足を解消できる？

　水不足になった場合，水道事業者はまずどう行動するか？　大口需要家に操業自粛を要請するか，水圧を下げるか，時間給水するかの三つの選択肢がある。よく考えてみると水圧を下げるという選択と節水こま（図1）の設置とは，同じ口径の給水管からの給水能力を下げるという意味で，ほとんど同じ効果を持っている。

図1　節水こま

　水圧を下げずに使用量を減らすことができる節水こまは，メーカーによれば水道料金が20％削減できるとその効果をインターネットで公開している。節水こまの原理は，圧力損失を少なく設計された球面構造により通過流量を下げるものである。元来，蛇口やシャワーには最適な吐出し量，例えば厨房 $8〜12 l$/分，シャワー $8〜15 l$/分，洗面 $3〜5 l$/分があり，ビルなどの事務所の各階の水量を $15 l$/分に統一できるとの実績が紹介されている。一部の市役所などでは無料配布されている。

　水圧を下げた場合，風呂に水を張るといった一定の水を必要とする用途の需要は減らないが，手洗いなど使用水量が流量に依存するような用途では節水できる。これは節水こまも同様である。単純に水圧を下げることで水不足のときだけ節水できるのならなにも余分の費用をかけ，平常時の利便性を犠牲にして節水こまをつける意味はまったくない。

　ところが，水道事業者はしばしば給水圧低下の選択肢をとらずに利用者の利便性を大幅に犠牲とする時間給水という手段をとる。これは水道のネットワークが，ビルなどへの供給のための給水ポンプの使用を認めており，水圧が下がってもポンプを持っている需要家は給水圧の影響を受けないため，供給制限の影響が一部の需要家にしわ寄せされるためである（ちなみに都市ガスのネットワークは水道のポンプに当るガスブースターの設置を厳しく制限している）。また，沖縄のように季節的な水不足が繰返されると，需要家はポンプと貯水槽

を設備して自衛しようとするため，全体の水不足はますます深刻化することになる。

　もし，その地域の水不足が新たなる水資源の開発という供給の増加で解決できないとすると，その解決策は節水こまといった小手先の対策ではなくきっちりしたデマンドサイドマネージメント（DSM）でなければならない。市民生活に最低限必要な水の供給は，現代社会の基礎インフラであり，憲法に記述された基本的人権の一部として自由市場の市場原理に任せられるものでもないから，公共の意思によって供給の優先度を決めるDSMは市民社会が納得できる公平性，効率性を持たなければならない。その意味では地域別時間給水という手段は大きな利便性の低下はあっても公平性を保ち，大きな追加公共投資を回避するという意味ではやむ得ない選択肢であったことも事実である。

　したがって，節水こまでは水不足は十分な解消とならないのではないか。〔一本松〕

コメント　図2に示すように水を家庭に送るには大量のエネルギーを必要とする。節水は大切な水資源確保とエネルギー消費の抑制から重要であり，またそのやり方は多様である。節水こまは間欠的な水道使用には効果があり，費用も小さいので普及している。〔行本〕

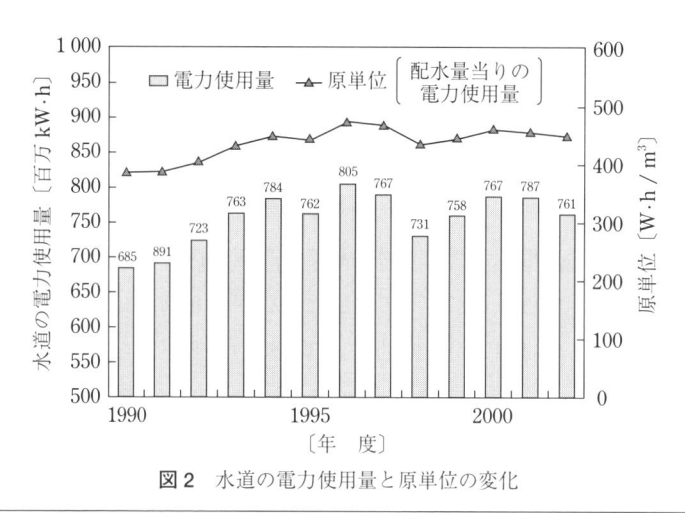

図2　水道の電力使用量と原単位の変化

ごみ・リサイクル　01

循環型社会と持続可能な社会は違う？

　持続可能な社会とは，安全や教育などの社会資産および資源や環境などの自然資産を子孫へ確実に受け渡していく社会であり，循環型社会とは，**図1**に示すように生態系，教育，政治とともに，持続可能な社会を築くための重要な柱の一つで，物質関連分野における手法といえる。

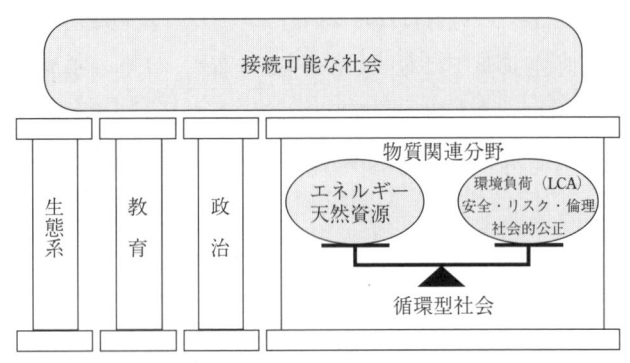

図1　持続可能な社会を支える一つの柱として循環型社会がある

　1972年に出版された『成長の限界』で人類の活動が地球環境に重大な影響を与えることが示されて以来，環境保護を優先する先進国と経済開発を進めたい途上国との間で南北対立が激化した。"持続可能な社会"は1980年代に初めて提唱され，1987年に環境と開発に関する世界委員会（ブルントラント委員会）がまとめた"われら共有の未来"と題する報告書から広く世界に認識されるようになった概念で，環境と開発で対立していた南北間に"つぎの世代"という共通の未来を提示することによって協調と融和が図られた。"持続可能な社会"とは，前世代から受け継いだ人為的および自然の資産を減らさないで次世代に引き継ぐ社会であり，"人間・環境・開発"のバランスが重要で，"貧困の撲滅""生物多様性""先住民族の役割""教育の啓発"などの多岐に渡る行動指針が示されている。"持続可能な社会"を目指すことは，GDPなどの物質的な豊か

さだけでなく，安心・安全などの社会や生活の質の向上を目標とすることであり，人間の"幸せを測る物差し"の再構築ともいえる。

これに対して循環型社会とは，持続可能な社会を実現させるための物質的分野における一つの方法であり，図2に示すように有限な資源を循環使用することによって資産（人為的・自然）の減少を抑制することが重要である。資源を循環利用するためには新たに資源やエネルギーなどを投入する必要があるが，投入される資産と得られるメリットとを厳密に検討しなければならない。循環型社会に対して"無理なリサイクルをして資産を浪費している"と批判される場合があるが，これは誤解である。循環型社会では，どの資源をどのように循環利用するか否かの判断はとても重要で，単なる経済性やエネルギー・資源消費量だけではなく，環境負荷，リスク，社会的公平性，安心・安全，倫理などの多次元的な基準に基づき，総合的に判断されるべきである。〔加茂〕

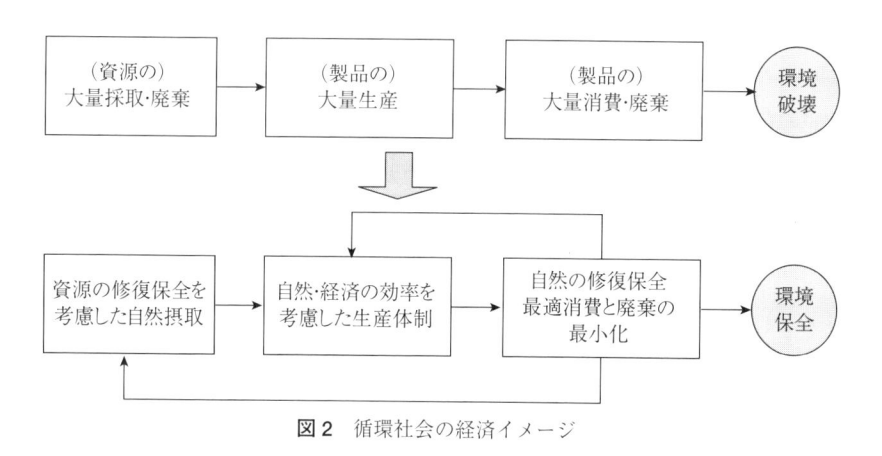

図2　循環社会の経済イメージ

コメント　循環型社会実現のため，3Rの中でもreduce（排出削減）が最も重要である。持続性社会の実現のため，"もったいない"の精神が注目されているのもこのような経済，倫理，安全，安心の背景からである。国連大学が進める持続可能な教育では，地域社会が自ら考え，自ら行動することが望まれている。本当の意味での地域での資源循環やごみゼロ運動，環境保全活動ができれば持続可能な社会は実現できるのではないだろうか。〔行本〕

ごみ・リサイクル　02

プラスチックは燃やしてはいけない？

➡ 関連：ごみ・リサイクル 04, 06, 09, 13, 14, 16

　プラスチックは石油や石炭と同程度の発熱量を有する炭化水素化合物であり，一部の特殊なものを除けば硫黄や窒素の含有率が低く，有用なエネルギー資源と見なせるので当然"燃やしてもよい"資源であり，"どう燃やすか"は重要な課題である。しかし一部の市民の間でプラスチックを"燃やしてはいけない"と認識されるようになったのには，これまでの日本のごみ処理行政の迷走と混乱に原因がある。

　戦前まではごみの発生量も少なく大部分のごみは地上あるいは海上面で埋立て処理されてきた。高度経済成長が始まるとごみの発生量は飛躍的に増加し，埋立て場の不足や環境汚染，輸送沿線住民からの苦情が多発したため，日本では大部分のごみを焼却処理するようになった。その後，石油化学工業が勃興してプラスチックが日常雑貨として使用されごみとして捨てられるようになると，発熱量の小さい厨芥を前提に設計された焼却炉では高温で燃焼するプラスチックに対応できないため，多くの自治体ではプラスチックを"燃えないごみ"として分別し埋立て処理するようになった。また，ごみ焼却炉の飛灰や残渣から有害なダイオキシンや重金属が発見されると，塩素源となるポリ塩化ビニルなどを含むプラスチックは"燃やしてはいけないごみ"として扱われるようになった。その後，高温にも耐えられる燃焼炉と十分な排煙処理を備えたごみ処理施設が普及し，さらに灰分をガラス化させて重金属を閉じ込めることのできる溶融炉も出現し，現在では多くの自治体でプラスチックは"燃やしてもよい"資源として扱われるようになっている。

　廃プラスチックは貴重な有機資源であり，その品質と量に応じて最適な処理方法を選択すべきで，焼却によるエネルギー回収はあくまで最後の手段と考えるべきである。例えば，ある程度分別ができて混合物が少なく品質の高い廃プラスチックは，素材原料あるいは化学原材料として化学工場で再利用すること

が可能である。一方，多種類のプラスチックが混合している低品位の廃プラスチックに対しては，焼却の際に発生する有害物質対策を十分に備えた処理施設でエネルギー回収することが妥当である。廃プラスチックの総排出量の内訳を見るとPE（ポリエチレン）とPP（ポリプロピレン），PS（ポリスチレン）で約75％を占めている。図1から廃プラスチックの平均発熱量は29.3 MJ／kgで原油（38.2 MJ／kg）とほぼ同等であり，重要な燃料となり得る。"良質のものはより良く，そうでないものはそれなりに"を基本に廃プラスチックを処理することが重要である。〔加茂〕

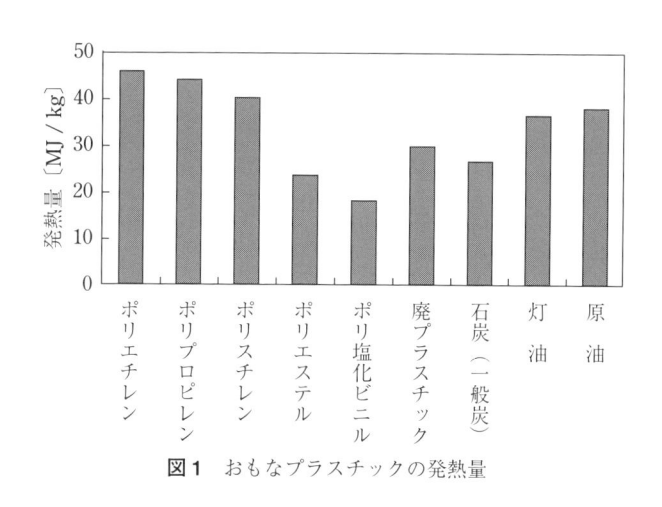

図1 おもなプラスチックの発熱量

コメント 年間1 000万トンの廃プラスチックの60％がリサイクルされているが，大半は焼却・熱回収されている。この中には本来樹脂の原料や油化，ガス化など化学原料に戻すことができるプラスチックも含まれている。一方，500万トンの一般廃棄物，特に汚れの多い家庭ごみは本来可燃性ごみであり，燃料として利用することが経済性，環境性からも妥当である。製鉄所や製紙工場，セメント会社での燃料代替での利用はCO_2削減，地球温暖化対策として有効であり，政策的な誘導が必要である。〔行本〕

ごみ・リサイクル 03

RDF は効率がいい？

➡ 関連：ごみ・リサイクル 08

　RDF（refused derived fuel，ごみ固形化燃料）は，家庭などから排出されたごみから金属などの不燃物を取り除き，加熱成型した固形化燃料である。組成のばらつきが小さく発熱量が大きいために高温で安定に燃焼させることができるので，焼却時のダイオキシンの発生量が少なく，発電効率を向上させることが可能になる。しかし RDF を製造する際の乾燥過程で多くのエネルギーが消費されるため，エネルギーの利用効率が高いとはいえない。

　家庭などから排出される一般廃棄物には，紙やプラスチックのほかに水分を多く含む生ごみなどが含まれているために発熱量は低く，また腐敗による悪臭のために輸送や貯蔵が困難であった。一方，廃棄物を RDF に転換させると輸送や貯蔵が容易になり，また高価な焼却施設は必要なく RDF 製造施設を建設するだけで十分なために経済的で，しかも製造した RDF を輸送して発電用燃料として利用でき，ダイオキシンの発生を抑制させながら高い発電効率が期待できる。このため RDF 施設は，1990年代後半からごみ処理の広域化の切り札として国家補助の対象となり，各自治体に積極的に導入された。しかし，RDF は単にごみを成形・乾燥したものなので排煙処理施設を完備した専焼炉が必要で，しかもごみを乾燥・成型する過程でエネルギーを多く消費するので RDF の価格は高く，RDF 発電以外の小規模な使用先の確保が大きな問題となっている。

　ごみをいったん RDF に転換してから発電する場合と，直接燃焼発電した場合のエネルギー収支を図1に示す。RDF 発電では，ごみ原料が有しているエネルギー量（7.1 MJ/kg）のほかに，施設の建設，ごみの乾燥，収集にエネルギーが消費されるため，発電効率が 30 ％の場合は外部に取り出せる電力エネルギーは全体の 16.9 ％となり，発電効率が 15 ％の場合には 5.1 ％と試算される。これに対して直接ごみ発電では，乾燥にほとんどエネルギーを使用しないので，発電効率が 15 ％の場合でもエネルギー効率は 8.4 ％となる。RDF 発電

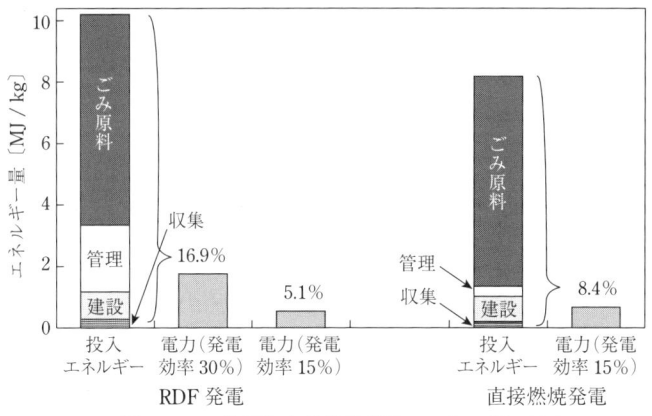

図1 RDF発電と直接燃焼発電のエネルギー収支

は，稼働率が十分高ければRDFの製造時に多くのエネルギーを投入しても発電効率が高いので，直接焼却発電に比べて優れた処理法とみなせるが，発電効率が15％程度の場合にはごみの直接燃焼発電のほうが有利となる。また三重県のRDF化施設では貯蔵サイロで吸湿したRDFが発酵し，それに引き続いて起きた部分酸化反応によって可燃性ガスが発生して爆発して事故が起き，大きな社会問題になった。最近は，生ゴミを混ぜずに紙やプラスチックだけを原料とした固形化燃料（refuse paper & plastic fuel: RPF）に燃料としての期待が高まっている。〔加茂〕

コメント RDFは日量50トン未満の准連式，バッチ式焼却場での炉立上げ，立下げ時のダイオキシン発生抑制には効果的で，市町村合併が進む以前から県が中心となり，山間部や離島などを中心にごみ処理施設をRDF化施設にし，これらのRDFを集めて公設民営のPFI（private financial initiative）事業（収集運搬，発電事業）を展開している。経済効率の良さは地域のビジネスモデル次第であり，発電効率はボイラの型式やRDFの品質，形状に依存している。RDFは炭化やガス化の技術も進歩しており，今後利用用途の拡大が望める。〔行本〕

引用・参考文献
1) 川島和彦："RDF発電はごみ焼却の代替技術になり得るか？（その1）"，月刊廃棄物，Vol.**7**，p.58（2001）
2) 川島和彦："RDF発電はごみ焼却の代替技術になり得るか？（その2）"，月刊廃棄物，Vol.**8**，p.68（2001）

ごみ・リサイクル 04
PETボトルのリサイクルは本当に良いことなの？

→ 関連：ごみ・リサイクル 02, 07, 12

　容器包装リサイクル法で回収されたPETボトルは，2008年では4.5万円/トンの有価で売買され，シートや繊維にリサイクルされている。ボトルからボトルへの理想的な水平リサイクルではないが，いわゆる市場原理に従って流通しているPETボトルのリサイクルは，妥当な処理法といえる。

　ガラス製のリターナブル瓶は，水やジュースなどを販売する際に必要な容器として環境負荷が低く優れているが，重くて割れ易いために消費者から敬遠され，需要はこの10年間で半減した。一方，軽くて丈夫で中身が見え，開封してもしばらくの間使用できるPETボトルは消費者の圧倒的な支持を集め，500 mlボトルが市場に登場して以来需要が急増しており，PETボトルの有効な処理法を開発することは現実的な対応として重要である。

　図1に示すように，2007年に日本で生産されたPETボトルは55.8万トンで，そのうち市町村や事業者が合計39.7万トンを回収している。プラスチック製の飲料用容器の大部分はPETボトルであり，他のプラスチックと容易に区別できるため，PETボトルは比較的効率良く回収できる。ポリエステル化合物であるPETボトルはアルカリ共存下で加熱すれば簡単にモノマーへ解重合さ

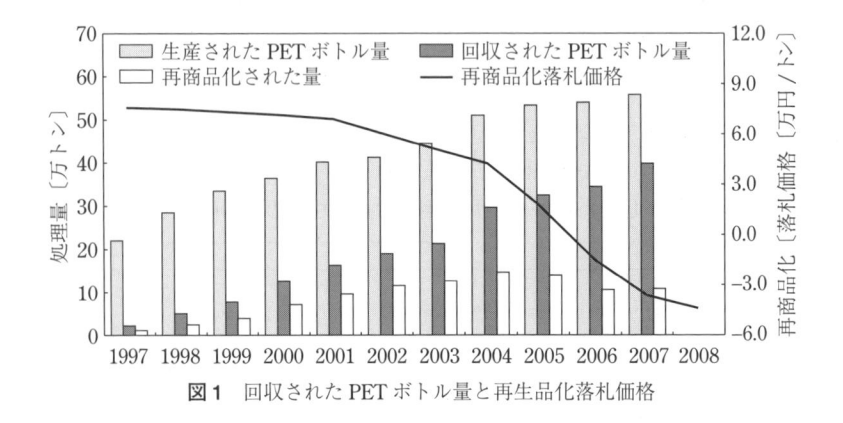

図1　回収されたPETボトル量と再生品化落札価格

れるが，再びPETボトルを製造するには99.99％以上の高い純度のモノマーが必要であり，モノマーの精製コストがPETボトルの水平リサイクルを困難にしている大きな原因の一つとなっている．これに対し回収したPETボトルを繊維やシートへ転換することは比較的容易で，日本で回収されたPETボトルの約90％以上はこの手法で再利用されている．PETボトルから再生されたポリエステルには不純物が多く，付加価値の低い作業衣や卵パックなどがおもに製造されており，国内の市場規模は小さい．容器包装リサイクル法が施行された当初，PETボトルは引き取り先が少ないために7.7万円/トンの高額な逆有償で落札され，PETボトルのリサイクルに多くの批判が集まった．しかし中国の経済発展に伴い低品質な再生ポリエステルに対して大きな需要が海外で生まれたため，容器包装リサイクル法で収集されたPETボトルは現在では有価物として市場で取引きされている．中国の需要がいつまで続くかは不確定な部分が多く，また自治体が税金を使って回収したPETボトルを海外へ輸出することの是非が問われており，収集の効率化と収集費用の適正な分担が今後の課題となっている．

PETボトルは，現時点では海外での大きな需要を利用してリサイクルされているが，将来も安定してリサイクルを続けるには，国内市場を対象にPETボトルを有価で循環利用できる技術と社会システムの確立が急務である．〔加茂〕

コメント PETボトルリサイクルに関しては，武田邦彦氏の『リサイクルしてはいけない』の指摘にもあるように，PETボトルは，日本で石油から作られるときのコストは約7.4円，リサイクルすると集荷に26円かかり，最終的に27円になる．そのため，国内では引き取り先が少なく，最近までは中国へ有価物として輸出されていた．国内では現在も逆有償で落札されているが，中国への輸出が規制されるようになり大量のPETボトルが行き場を失っている．さらにPET樹脂の衣料品やシート原料への代替品の市場拡大も望めない．そもそも，PETボトルをPETボトルにリサイクルできないのであれば，これをリサイクルと呼ぶことすら疑問が生じる．モノマー化技術のコストダウンによりバージン材より安価なPETボトル to PETボトルのリサイクル技術が実現できるかどうか，あるいは革新的な再生品が生まれるかどうかが鍵となる．〔行本〕

下水道はごみ箱とエネルギー供給を両立できる？

→関連：ごみ・リサイクル 10, 13

　各家庭から発生する生ごみをディスポーザーで粉砕し，下水道を利用して処理場に集めてメタン発酵させると下水処理に必要なエネルギーを自給できるだけでなく，エネルギーを供給することも可能と試算されている。しかしこのシステムを実用化するためには高効率なメタン発酵技術の確立だけでなく，発酵残渣や廃液の高度処理技術の開発や，洪水時でも下水が河川に流れ込まない分流式下水などの社会インフラの整備も必要になる。

　生ごみの処理は台所を預かる主婦の悩みの種であるばかりでなく，各自治体のごみ処理場にとっても発熱量が低く悪臭の原因となるために大きな問題の一つとなっている。生ごみを粉砕して直接下水へ廃棄するディスポーザーは米国で比較的よく普及しているが，日本では下水処理場の負荷が大きくなりすぎるため，これまで多くの自治体で事実上使用が禁止されている。メタン発酵はこれまでにも家畜の排泄物などからのエネルギー回収法として利用されてきたが，生ごみ処理に用いた場合には分解速度が小さく，固形物濃度が低いために施設が大規模となり，装置の運転に大きなエネルギーが必要であった。最近，55℃の高温で嫌気性処理する高負荷メタン発酵技術が進み，乾燥生ごみ 1 kg 当り 435 l ものメタンを製造することができるようになったので，将来，下水処理施設からエネルギーを供給することも可能であるかもしれない。10万人規模の都市を想定すると，3 600 kW·h の電気および 7 200 kW·h の熱エネルギーが回収され，処理に必要な電力を差し引いても約 1 000 kW·h の電力を供給できると試算されている（図1）。

　メタン発酵では発酵残渣や廃液中にまだ多くの有機物や窒素およびリンが残留しており，放流時の河川や近海の汚染や富栄養化を防ぐためには，脱窒素・脱リンなどの2次処理技術の適用が必要である。また，日本の下水道は人口普及率で 69.3 %（2006年），下水と雨水が同じ管を使用する合流式下水道が約

図1 下水道メタン発酵のエネルギー収支

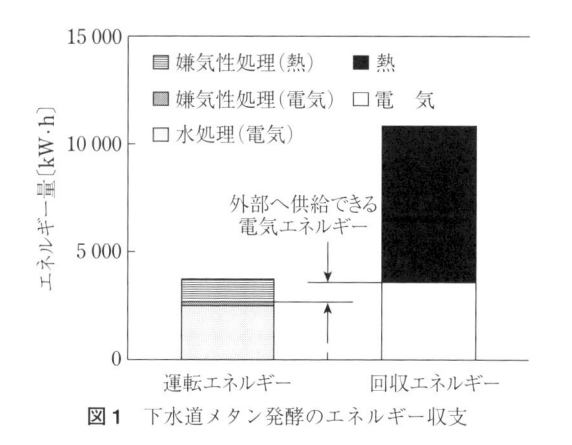

20％残っており，社会インフラの整備も必要である。〔加茂〕

> **コメント1** 下水汚泥の消化発電など既存水処理施設の活用が有効である。超臨界，亜臨界を利用したメタン発酵では発酵残渣が少なく，発酵時間も短い。バイオマスがカーボンニュートラルであることから食品廃棄物や畜産廃棄物，農業系廃棄物のメタン発酵が全国に広がっている。メタン発酵の消化ガスの脱硫，脱炭酸ガスおよび液肥の直接利用が現在の開発課題である。ディスポーザーは一部の地域ではマンションやオフィスビルで採用されているが，基本的には下水処理の負担が大きく，普及していない。〔行本〕

> **コメント2** ディスポーザーに関しては，水を大量に含んだ生ごみが家庭で処理できるようになれば，ごみ収集車の輸送負担が減る，生ごみによる焼却炉の温度低下を防ぐことができる，と評価する意見がある。下水道への負荷が高まるだけでなく，食べてものをすぐに捨てる習慣がついてしまう，ごみ分別への意識が低下するなどという反対意見もある。そもそも，生ごみは本来，最も分別するべきもので，特にリン資源の枯渇が叫ばれるいま，リサイクルして農地に返すべきである。このような観点からどう処理すべきかを議論していくべきだろう。〔小島〕

引用・参考文献
1) 津野洋，永禮英明，日高平："資源回収型の都市排水・廃棄物処理システム技術の開発"，計測と制御，Vol.**45**, No.10, p.851（2006）

ごみ・リサイクル 06

たき火でダイオキシンが出るの？

➡ 関連：ごみ・リサイクル 02

　ダイオキシンは，厳密にいえば塩素を含む有機物が燃焼すればほぼ確実に生成する。またダイオキシンを発生させるために必要な塩素源としては，ポリ塩化ビニルなどの有機塩素だけでなく枯葉や枝などに含まれている無機塩素でも十分である。では，"ダイオキシンが発生するのでたき火は危険か？"と問い直されれば，必ずしもそうではない。

　たき火で発生するダイオキシンの危険性を検討するには，発生するダイオキシンの量，人の体内に実際に取り込まれる暴露量，およびダイオキシン自身の毒性を検討しなければならない。ダイオキシン対策が不十分であった 1997 年に測定された日本のごみ焼却場や産業廃棄物用焼却炉の排ガス中のダイオキシン濃度は $0.1 \sim 1\,000$ ng-TEQ / m^3 と広く分布しており，ダイオキシンの発生量は燃焼物や条件によって大きく異なると考えられている。しかし天然木を燃焼させた場合，排ガス中のダイオキシン濃度は $0.02 \sim 0.2$ ng-TEQ / m^3 とごみ焼却場よりも低いことが報告されている。ここでダイオキシン濃度は，各異性体の毒性強度と濃度を乗じた値の総和である毒性等価換算濃度（TEQ）で表している。

　日本人が 1 日に摂取するダイオキシン量は体重 1 kg 当り約 1.22 pg-TEQ と推定されており，その内訳は魚介類が 1.09 pg-TEQ で，肉・卵が 0.069 pg-TEQ を占め，呼吸や手に付いた土から口へ入る量はそれぞれ 0.015 pg-TEQ，0.0041 pg-TEQ 程度と考えられる。かりに天然木の燃焼ガス中に 1 時間滞在した場合，呼吸で吸い込んだ空気に含まれているダイオキシンの半分が体内に吸収されたとしても，その量は 2.4 pg-TEQ / kg 程度である（図 1）。

　ダイオキシンの毒性は，実験動物の種類や雌雄によって大きく異なる。ダイオキシンのように蓄積性が高く対象とする種に大きな差が見られる物質については，継続的に摂取し続けても体内負荷量が毒性を発現するまでに達しない量（耐用 1 日摂取量）が重要であり，人間ではおよそ 4 pg-TEQ / kg と推定され

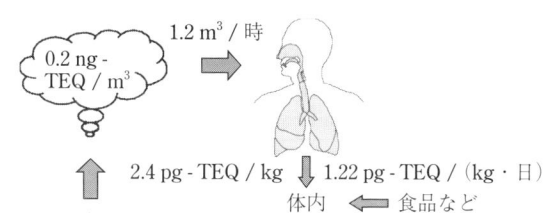

$1.2\ \text{m}^3/$時　　0.2 ng-TEQ/m^3

2.4 pg-TEQ/kg　　1.22 pg-TEQ/(kg・日)
体内　←　食品など

耐用1日摂取量
4 pg/(kg・日)

魚介類：1.09 pg-TEQ/(kg・日)
肉・卵：0.069 pg-TEQ/(kg・日)
大　気：0.015 pg-TEQ/(kg・日)
土　壌：0.0041 pg-TEQ/(kg・日)

たき火

図1　たき火で発生するダイオキシン

ている。たき火によって体内に取り込まれるダイオキシン量は耐用1日摂取量と同程度であり，ダイオキシンが発生するからたき火が危険とはいえない。もちろん，たき火の規模や燃焼させる対象物によって発生量は大きく異なる可能性があるが，通常の常識の範囲内であれば，たき火で発生するダイオキシンを心配するよりは，煙や匂いによる近所からの苦情に気を使うほうが重要であるといえる。〔加茂〕

コメント1　ダイオキシンの発生は塩素化合物の分解による塩化ベンゼンの生成が起因している。銅などの金属触媒により異性体を形成している。ダイオキシンは毒性が少ないとの議論もあるが，十分な検証が必要である。850 ℃以上の高温燃焼で分解するが，冷却時の再合成を防止する必要があり，排ガス処理としては活性炭や触媒分解が知られている。クリーニング屋の排水にもダイオキシンが検出されており，低温でも触媒効果により再生する。ダイオキシンは水に溶解することも注意を要する。〔行本〕

コメント2　つい最近まで，"ビニール"を庭で燃やし，その熱で焼きイモを作っていた私としては，"ダイオキシン"などたいした問題ではない，という説を信じたいのであるが…。〔小島〕

引用・参考文献
1) 酒井伸一：ダイオキシンのはなし，日刊工業新聞（1998）
2) 環境省環境保健部：環境リスク評価室資料「ダイオキシン類の蓄積・ばく露状況及び臭素系ダイオキシン類の調査結果について」，(2006)

ごみ・リサイクル 07

プラスチックのリサイクルが進むと消費量が増える？

→関連：ごみ・リサイクル 04

　容器包装リサイクル法で回収された廃プラスチックおよびPETボトルは年々増加しており，2007年にはそれぞれ56万トン，40万トンに達した。しかしリサイクルされた廃プラスチックの量は日本の全プラスチックの生産量（1400万トン）のわずか5％程度であり，プラスチックの生産量に対するリサイクルの影響はほとんど観測されていない。一方PETボトルの生産量は，リサイクルが開始された1997年以降明らかに増加した（図1）。

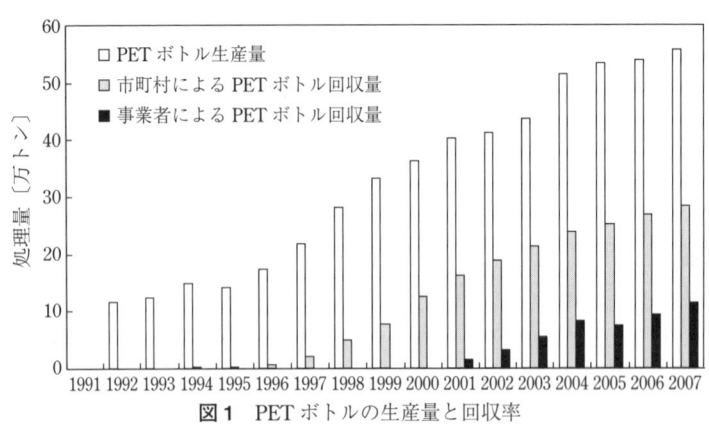

図1　PETボトルの生産量と回収率

　拡大生産者責任（EPR）に基づくリサイクル社会では，再生処理に要する費用に応じて処理費を負担させることによりリサイクルに適した製品や流通システムの普及を促進させ，最終的には廃棄される資源量を減らすことが目標とされる。しかし現行の容器包装リサイクル法では，最も費用がかかる収集作業は自治体の役割とされ，また容器メーカーとは別の再商品化事業者が再資源化を行っているため，リサイクルの促進が容器メーカーの利益に直接還元されず，容器メーカーはむしろ新規容器の生産拡大に熱心である。

　PETボトルは軽く丈夫で中身が見え，開封後もしばらく使用することがで

きるなどの飲料用容器として優れた性能を有するため,近年,生産量が伸びている。特に容器包装リサイクル法の施行と同時にに流通し始めた 500 ml ボトルや,その後流通した 350 ml ボトルは消費者に歓迎され,PET ボトルの需要は拡大を続けている。PET ボトルがリサイクルされていることを容器メーカーは宣伝に利用し,消費者はガラス製のリターナブル瓶に比べて環境負荷の大きな PET ボトルを購入する際の"後ろめたさ"の免罪符としている。リサイクルすることが直接 PET ボトルの消費量を増加させているわけではないが,結果的に消費量を増加させている点は否めない。環境負荷が小さく,しかも消費者に受け入れられる製品や社会システム(**図 2**)の開発が必要である。〔加茂〕

持続可能なアジア循環型経済社会圏
各国が相互に連携し,域内における資源有効利用を促進することで資源消費量を抑制し,同時に環境汚染の拡散を防止する。

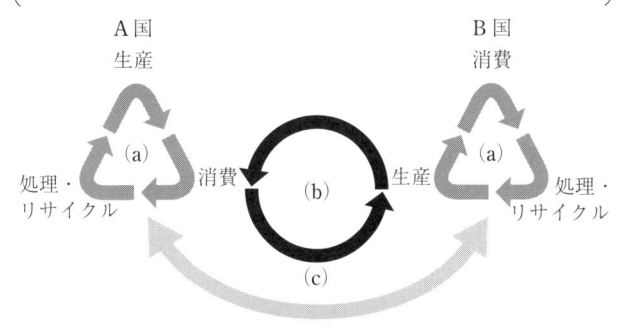

A 国　生産　　　　　　　　　　　　B 国　消費

処理・リサイクル　(a)　消費　(b)　生産　(a)　処理・リサイクル

(c)

(a) 各国単位での循環型経済社会構造への転換
(b) 製造事業者などによる高度な資源循環ネットワーク
(c) 国際資源循環取引における汚染性の管理

図 2　国際資源循環とリサイクル

コメント　リサイクルは出口が大切であるが,その前にごみ減量化のため,入口の資源抑制やリユース,長寿命化を議論すべきである。PET ボトルのリサイクルでごみが増えたことはまぎれもない事実であり,便利さや豊かさの前にはなかなかもったいないの考えは通じないのかと思わせる。その他プラスチックはさらに費用負担の問題もあり,燃やせばよいとの意見もある。欧州のようなコストとリサイクル率の目標を両立させる工夫が日本にも望まれる。〔行本〕

ごみ・リサイクル 08

電力会社はごみ発電の電気を買うの？

➡ 関連：ごみ・リサイクル 03

"ごみ発電"とは，家庭や事務所から出た可燃ごみをごみ焼却場で燃やすときに出る熱を発電に利用するものである。例えばボイラーで高温高圧の蒸気を作って，蒸気タービンを回して発電する（図1）。大きな焼却場では数万 kW の電気を起せるが，原子力発電所（100万 kW），火力発電所（数十万 kW）など電力会社の発電所の能力よりは小さい。しかし，ごみ発電はもともとあるごみ焼却場の余熱を利用した発電であるために，電気を作るコストは安くできる。

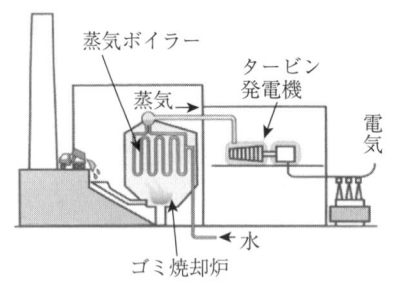

図1　ごみ発電の仕組み

もちろん従来から電力会社はごみ発電の電気を買っているし，2003年4月からは「電気事業者による新エネルギーなどの利用に関する特別措置法（新エネ利用特措法，通称 RPS 法）」により電力会社はごみ発電を含む自然エネルギー由来の電力を一定量買うことが義務付けられている。しかしそこにはいくつかの問題点がある。

RPS 法ではごみ発電のみならず，太陽光発電や風力発電の電気も買取の対象としている。図2は発電コスト（従来型電源，風力，太陽光，ごみ）と電力料金を示したものである。この図からごみ発電のコストは風力や太陽光より安いことがわかる。これは上述のように，もともとごみ焼却場ありきの発電設備だからである。また規模の大きいこともコスト低減に効いている。一方，太陽光発電のコストは非常に高い。従来型電源というのは電力会社の持っている発電設備の発電コストである。電力料金はわれわれの支払う電気代である。円 / kW·h とは，1 kW の電気を1時間使い続けたときにいくらかかるかを示す単位である。RPS 法の問題点は，自然エネルギー由来の電力の買取価格を

電力会社が独自に決められることになっているため，コストの安いごみ発電が基準になると，コストの高い太陽光発電が不利になってしまうことである。ごみ発電側も買取価格が低く抑えられてしまうために，不満は残るかもしれない。

ドイツと日本の電力買取価格を比較すると，ドイツは発電方式ごとに買取価格を決めていて，日本の方式とは異なる。ドイツの方式では，太陽光発電による電力の買取価格が高いため，太陽光発電が不利になることはない。しかしこの方式も問題がないわけではない。太陽光発電の高い買取コスト増分は広く一般の電力ユーザーが負担するために，太陽光発電が非常に多くなっていくと収支勘定が成り立たなくなる可能性がある。

日本は電力会社の規模も大きく，技術力も強い。そのおかげでわれわれは安定した電気の供給を受けることができているが，その分市場原理に任せているといつまでたっても自然エネルギーの導入が増えていかないことになる。一方，風力や太陽光のような自然エネルギー発電設備は，開発の歴史は浅く，まだまだ技術的に改善の余地を残した部分がある。今後はさらなる技術開発と積極的な導入施策の明確化が必要となろう。〔中込〕

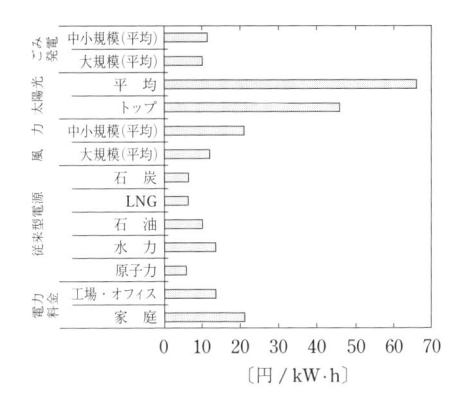

図2 発電コスト（従来型電源，風力，太陽光，ごみ）と電力料金

コメント 電源の確保や安全面から自然エネルギーやごみ発電の電力の買取は難しく，RPS法や分散型電源のビジネスが生まれてきた。グリーン電力の購入義務は必ずしも自治体のごみ発電の電力を購入するドライビングフォースにはならないのでないか。発電効率の向上や産業廃棄物との合せ処理による量の確保が今後の課題である。〔行本〕

ごみ・リサイクル　09

どんなプラスチックも石油に戻せる？

→ 関連：ごみ・リサイクル 02, 16

　プラスチックは日本では原油を精製してできる"ナフサ（粗製ガソリン）"を原料にしており，1年間に使われる原油の量（約2.4億 kl）とナフサとして直接輸入される量（2 946万 kl）の合計の6％がプラスチックの生産に使用されている。つまり日本は年間使用する原油の約6％分をプラスチックの形で備蓄していることになる。

　したがって，廃プラスチックを集めて石油に戻す技術が重要となってくる。**図1**は廃プラスチック油化装置の一例を示す。多くのプラスチックは熱を加えると軟らかくなり，さらに加熱するとガス状となる（熱可塑性樹脂）。装置ではプラスチックを蒸し焼きにしてガスを発生させる。その後，発生したガスを冷却すると，一部のガスは液体状となって分解油タンクに溜まる。この油をエンジンやボイラーの燃料として再利用しようというわけである。しかし，いくつかの課題がある。

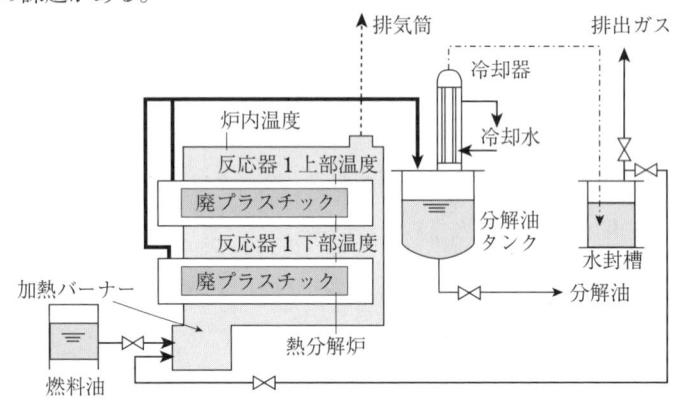

図1　廃プラスチック油化装置の一例

　第1の課題は，生成した油は石油のようなものではあるが，石油ではない。ディーゼルエンジンの燃料として使おうとしたときには，例えば引火点が問題となる。軽油の引火点は50〜60℃であるが，プラスチックから生成した油の

引火点はこれより低い場合が多い。したがって軽油に混ぜて使うか，再蒸留や改質により軽油に近い性状にする必要がある。

第2の課題は，塩化ビニル樹脂の中には塩素が含まれており，燃料油として使用するには，あらかじめ塩素を取り除く必要がある。塩化ビニルは300℃程度に加熱することにより塩素分のみをガスとして離脱させる性質があるため，熱分解炉の温度をその温度に保ちながら出てきた塩素ガスを回収した後に，正規の熱分解温度（500℃）に上げることにより，取り除くことができる。

第3の課題は，絶対量は少ないが加熱すると溶けずに固くなってしまうプラスチックの存在である（熱硬化性樹脂）。ベークライトやFRPなどが代表例である。これらの樹脂の一部は加熱によりガス化するが，大部分は残渣として炭素分の多い固体の塊として残る。これらの樹脂を油化するには，あらかじめ溶剤で溶かしたり，超臨界水（臨界点を超える高温・高圧状態の水）中で分解させる方法などが試みられているが，手間がかかるのが難点である。

以上まとめると，石油から生成したプラスチックを石油に戻すことは技術的には可能であるが，戻しやすいものと，戻しにくいものがある。あくまでもリサイクル技術であるから，原油から石油を精製する以上のエネルギーやコストをかけることは無意味となる。またプラスチックをプラスチックのままリサイクルする技術（マテリアルリサイクル）もあるわけであるから，各技術を適材適所で使い分けていくことが肝要となるが，正直その判断はなかなか難しい。〔中込〕

コメント　容器包装リサイクル法が施行された当初，油化技術は高炉還元法とともにケミカルリサイクルとして期待されていた。しかしリサイクルに要するエネルギー投入が大きく，処理規模が拡大できない，処理コストが高いため安い原料しか使えず原料が集まらないなどの問題があり，現在では新潟，札幌の2か所のみの稼動となっている。石炭液化施設を転用し，コストの低減を図ったドイツですら，現在は油化事業が断念されている。そもそもプラスチックは石油から作られる。そして重油や軽油は燃料として用いられている。わざわざ石油に戻すより，そのまま高い熱量を持つ燃料として利用すべきである。〔行本〕

ごみ・リサイクル 10

自然はごみを作らないはうそ？
（石灰石，リン鉱石）

➡ 関連：CO_2・地球温暖化 11, 12

　岩波国語辞典によると，ごみとは"使って役に立たなくなった紙くずや食物のくず，その他の廃棄物."とある。この文章の主語は人間，われわれである。つまり，あるものがごみなのかごみでないかを決めるのはあくまでも人間の尺度によるのである。したがって自然，つまり地球の活動の中で作られるもろもろの物の中でも，人間にとって有用なものはごみではないが，無用なものはごみと見なされてしまう。しかし自然は人間の価値観や尺度にはお構いなしである。だから"自然はごみを作らない"はうそでも本当でもないであろう。

　例えばアルミニウム1トンはボーキサイト4.5トンから作られ，その際に赤泥などがアルミニウム1トン製造につき5トン出る。また地球温暖化はエネルギーを利用するときの排熱によるものでなく，石炭・石油・天然ガスという化石燃料をエネルギーに変換するときに出る"エネルギーのごみ"である二酸化炭素（CO_2）によるものである。したがって，ボーキサイトや化石燃料などの自然のものから，人間にとって有用なアルミニウムやエネルギーを取り出す過程で，人間にとってのごみが発生する。一方，このCO_2の化石が石灰石である。

　石灰石は貝や珊瑚などの生物の遺骸が海底に堆積してできたか，あるいはそのカルシウム分が沈殿してできたという成因から，化石燃料に対比して"化石鉱物"といえる。石灰石の化学成分は炭酸カルシウム（$CaCO_3$）である。700〜900℃で加熱すると分解し，石灰石中に固定されていたCO_2が大気中に放出されて後に石灰（CaO）が残る。つまり石灰石はエネルギーのごみであるCO_2を固定する有用な鉱石であるが，人間がセメントなどに利用する過程で大量のCO_2を大気中に放出してしまう。

　一方，農業生産に欠かせない植物の3大栄養素といえば，窒素，リン，カリウムである。窒素肥料の原料は，天然の鉱物資源に頼らなくても空気中の窒素を固定してアンモニアとして合成することによりできる。カリウム肥料は原料

の岩塩の産出国が限られているが、比較的多量にあるので心配ない。しかし、リンの原料であるリン鉱石は、日本では全量を輸入に頼っているのが現状である。その上リン鉱石の埋蔵量はあと50〜100年といわれている。一方、リンは植物に吸収され、人体や家畜などを経由して、最終的には排水に含まれるようになる。このままリンが環境に垂れ流されると、富栄養化という現象を引き起こして、赤潮やアオコの発生を引き起す。したがって排水からリンを回収する技術が確立すると、有限の資源であるリンのリサイクルが可能となるとともに富栄養化も防ぐことができる。現在、下水汚泥からリンを回収する技術開発が各所で行われている（**図1**）。

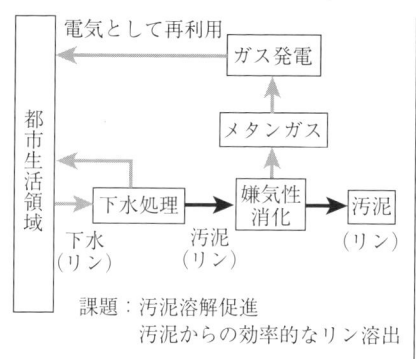

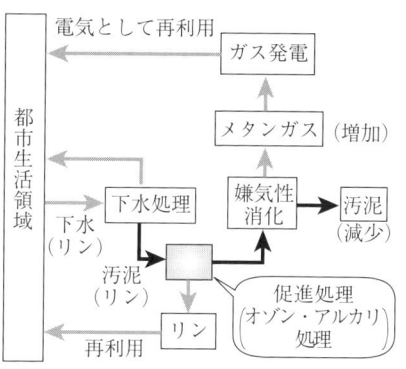

図1 下水汚泥からのリンの回収

結論としては、人間は自然が作ったものを人間のごみとせずに、あらゆる手段を用いて利活用していくことが大切である。〔中込〕

コメント　有機農業や酪農では、自然界での循環をベースに農業系廃棄物や畜産廃棄物の有効利用を図っている。化学肥料などによる窒素、リンの不足を防止し、また河川などの富栄養化を防いでいる。自然はごみを作るが、またごみを浄化することもできる。〔行本〕

引用・参考文献
1) 谷口正次：入門・資源危機、新評論（2005）

ごみ・リサイクル 11

ごみ回収は有料で良いの？

　ごみ回収の有料化は全国の自治体に広まりつつある。しかしこれは払われた料金のみですべてのごみの処理ができるわけではない。図1に45 l 容量の有料化指定袋価格の分布を示す。最も多いのは20〜25円の間で、平均値は37.9円ということである。ごみの嵩密度を例えば0.5 g / cm^3 とすると、45 l では45 000 cm^3 × 0.5 g / cm^3 = 22 500 g = 22.5 kg となる。一方、各家庭からごみを収集して、焼却炉で処理した後に、残渣を最終処分場に埋めるまでにかかる費用をおおむねごみ1トン当り2万円とする。その場合はごみ1 kg 当りの処理費に換算すると20円となる。したがって22.5 kg を処理するための費用は20円 × 22.5 kg = 450円である。ごみ袋の価格の平均値は37.9円であるから、袋代として取っている金額は処理費全体の約1割程度となる。残りの部分は依然として税金などでまかなわれているのである。

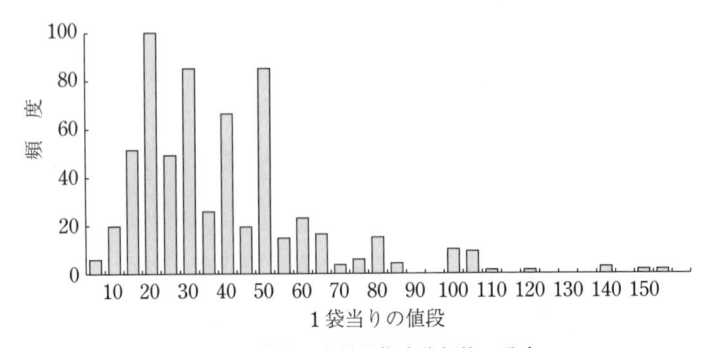

図1 45 l 容量の有料化指定袋価格の分布

　例えば、図2は北海道の伊達市の有料化によるごみの減少を示したものであるが、有料化とともに4割近くごみが減ってしまったそうだ。一つの目的はこのようなごみの減量化がある。ごみの排出量が減れば、焼却炉も小さいもので済むために、ごみの処理費用も減らすことができる。しかし、良いことばか

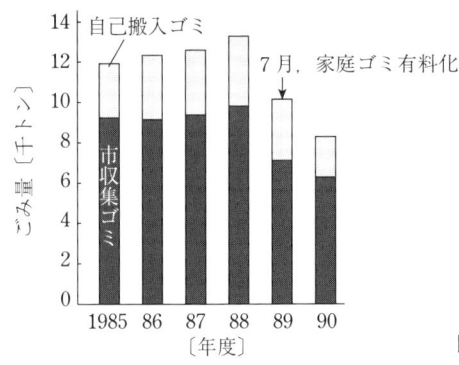

図2　有料化によるごみの減少

りではない。ごみを集積場に出しておけば，だれかが持っていって処理してくれるというのはまことに便利なシステムであるが，そのサービスを継続していくにはそれなりの設備と費用が必要となる。かかる費用をより少なくするために，各自治体はごみの分別とリサイクルを推進することや，有料化によるごみの減量を図ろうとする。

一方，それらのシステムがうまく機能するには住民の公徳心がある程度高いことが前提となってしまう。そうでないとせっかく分別したごみの中にほかのごみが混ざってしまうし，不法投棄が増えてしまったりする。有料が良くて無料は悪いとか，その逆に無料が良くて有料は悪い，というようなことは一概にはいえない。住民の意識が低いと有料にしても不法投棄が増えるだけとなる。〔中込〕

> **コメント**　ごみの有料化はごみの発生を抑制するが，不法投棄の増加をもたらす可能性もある。しかし，受益者負担の立場からは，本来は税金で非効率的に行うことが良いとはいえない。ごみ収集を民間に委託するならばコストダウンも図れるので，ごみ有料化の負担も軽減できるのではないか。産業廃棄物と合せた処理がより効率的であるなら，これを推進すべきであろう。そのためにも有料化は推進すべきである。〔行本〕

引用・参考文献
1) 碓井健寛：有料化によるごみ発生抑制効果とリサイクル促進効果，会計検査研究，No.27（2003）
2) 八田昭道：ごみから地球を考える，p.192，岩波書店（2004）

ごみ・リサイクル　12

リターナブル瓶は本当に環境に良いの？

➡ 関連：ごみ・リサイクル 04

　リターナブル瓶の LCA 手法による検討を**図1**に示す。地球温暖化物質（CO_2）発生量，大気汚染物質（SO_x）発生量，エネルギー消費量，水資源の消費量，どれをとってもリターナブル瓶は少ないことがわかる。一方，牛乳のリターナブル瓶と紙パックを比較した場合，リターナブル瓶の環境負荷が低いといえるのは運搬距離が 100 〜 150 km 以内の場合に限るという検討結果もあり，長距離を輸送する場合はリターナブル瓶のほうが不利になる。

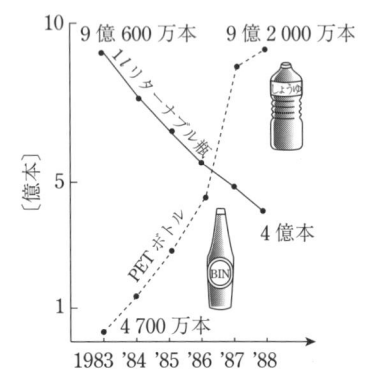

　図2は 1 l リターナブル瓶の減少と PET ボトルの増加を示したものである。年を追うごとに，1 l リターナブル瓶が急速に減りつつある。昭和 30 〜 40 年

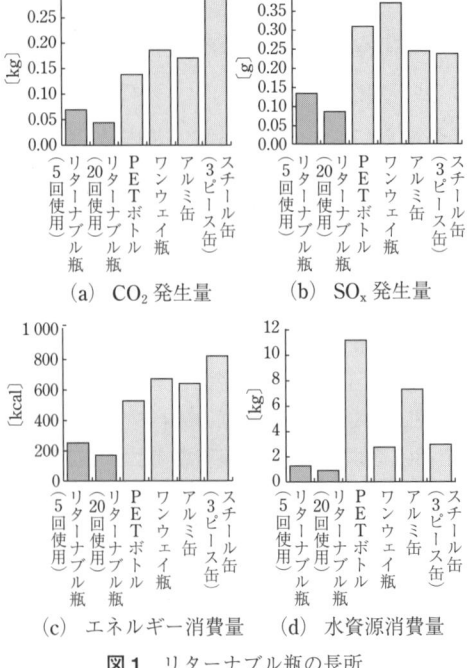

(a) CO_2 発生量

(b) SO_x 発生量

(c) エネルギー消費量

(d) 水資源消費量

図1　リターナブル瓶の長所

図2　1 l リターナブル瓶の減少と PET ボトルの増加

代にはビール，酒，清涼飲料水や醤油，調味料は酒屋さんが瓶入りを配達，牛乳は毎朝牛乳屋さんの配達であったが，現代は大半をスーパーマーケットやコンビニで紙パックやPETボトル入りのものを調達している。

　このように，リターナブル瓶が少なくなってきた理由は，瓶の不便さだけではなく，社会全体の変化の影響を多分に受けている。したがって，環境に良いからといって無理矢理リターナブル瓶を復活させようとしても，そう簡単にはいかない。経済原理を優先していった結果がリターナブル瓶の減少につながっているわけである。それを消費者の良心に訴えかけてリターナブル瓶を復活させようとしても，主宰者側の熱意によって活動開始当初は進むであろうが，長期間に渡って活動を持続させていくことはなかなか難しいであろう。

　リターナブル瓶を含めて，環境問題の多くは昔の状態に戻すことが問題解決の近道となることは多い。しかし，そこで見落としてはならないことは，問題事象をとりまく社会状況や環境が大きく変化していないかということである。その場合は，問題事象（この場合はリターナブル瓶）のみを再度昔の状態に戻しても，拘束力がなくなるとその方法は省みられなくなりがちである。それに代わる具体策はなかなか難しいが，ガラス製の重いリターナブル瓶に戻すのではなく，新たなリターナブル瓶，例えばガラス並にきずつきにくく，軽く，小さく折りたためるようなリターナブル瓶が開発できないであろうか。〔中込〕

コメント　ドイツやフランスでのリユースの考えは環境倫理の上に成り立っている。PETボトルでさえリターナブル化できたのは日本とは宗教的にも，家庭教育の面でも国民性の違いであろう。便利さやファッション性の高いPETボトルの市場独占は携帯電話の普及と同じ意識があるのではないか。リターナブル瓶が環境に優しいかどうかはライフサイクルだけの評価では結論づけられない。〔行本〕

引用・参考文献
1) 八田昭道：ごみから地球を考える，p.192，岩波書店（2004）
2) 容器比較研究会：LCA手法による容器間比較報告書〈改訂版〉（2001）

ごみ・リサイクル　13

ごみ分別は分ければ分けるほど本当に良いの？

→関連：ごみ・リサイクル 02, 05, 14

　自治体間では相次いで"ごみ分別辞典"が作成されている。例えば富良野市では1 200種類，名古屋市では450項目。ただしもちろんこれは1 200種類に分別するということではない。いままで不燃ごみ扱いであったプラスチックの考え方も変りつつある。東京都23区は2008年度から廃プラスチックを可燃ごみとして収集して，焼却処理している。ことの是非はさておいて，最も困るのは毎度分別の仕方に振り回される家庭の主婦たちであろう。

　もともとごみの分別は各自治体が独自に進めてきた。しかしダイオキシンが社会問題となり，環境省は急きょダイオキシン類対策特別措置法を2000年1月より施行させた。焼却炉の燃焼温度が低いと，ごみ中の塩素化合物由来による大量のダイオキシンが発生してしまうのである。

　法律の施行に合せて各焼却炉メーカーはダイオキシンの生成量が少ない新型炉を開発して，旧型炉の施設更新を行った。ガス化溶融炉はその一例である。**図1**はロータリーキルン＋改質溶融炉方式を示したものである。ガス化溶融炉の技術的な最大のポイントは，ごみを直接燃やすのではなく，いったん蒸し焼きにしてガス化させた後に，そのガスを効率よく燃やすことにある。ガス中の可燃成分は炭素と水素の化合物であるため，適切な酸素を加えることにより完全燃焼させることができるとともに，ダイオキシンが生成しない850℃以上

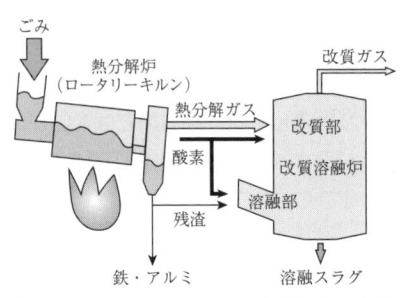

図1　ロータリーキルン＋改質溶融炉方式

の高温燃焼雰囲気を作ることができるようになった。

　ガス化溶融炉のもう一つの利点は，ごみを蒸し焼きにしてガス化するために，どんなごみでもまとめて処理できるようになったことである。もちろんプラスチックも加熱によりガス化して炭素と水素の化合物ガスとなってしまう。

　その後，ほかのガスとともに最適の空気比で燃焼させればよいのである。したがってガス化溶融炉を用いている焼却場では，極論するとごみを分別する必要がなくなってしまったのである。

　ようやく住民側が分別することに協力的になってきている現在，安易に分別が必要ないという方向に持っていくことはできない。もちろん焼却せずに，マテリアルリサイクルできる廃棄物も多々ある。しかし，この問題に本質的な解決を与えるには，住民が分別したごみがごみ処理場においてどのように処理されていくかをよく認識していくことであろう。そうでないと，技術革新や法律の改定ごとに分別の方法や方針が変り，そのたびに右往左往させられることとなる。多くの人々は理由を示されずに，ないしは説明されずに，結果だけを指示されることを最も嫌うのではないであろうか。〔中込〕

コメント1　ガス化溶融炉でも不燃物の分別や事前の破砕によりさらに効率的なごみ処理ができる。ごみを分別することは，家庭ごみの排出抑制のための教育であり，包装材のリサイクルコストの削減につながっている。ダイオキシン問題では，塩化ビニル類の分別に効果が確認されている。ごみはできるだけ分別するのが環境に優しい。〔行本〕

コメント2　確かに，いったん分別したプラスチックを焼却炉の燃料として再び家庭ごみと混ぜるのはナンセンスである。そんなことを無断でやられたら，市民が怒るのは当然だ。しかし，燃やしたほうが良いという判断があるのであれば，その点を市民に周知し，そのような収集システムを作っていくべきであろう。最近では，武蔵野市の例が参考となる。そして，ほかも追随している。〔小島〕

引用・参考文献
1）NEDO：高効率廃棄物発電技術開発／高効率廃棄物ガス変換発電技術開発 パンフレット

ごみ・リサイクル 14

塩ビラップは本当に環境に優しくない？

→関連：ごみ・リサイクル 02, 13

　ダイオキシン問題が発生してから塩化ビニル製ラップがほかの材質のものに置き換えられつつある。**図1**は2002年に行われた全国スーパーマーケットでの塩ビラップに関する調査結果である。"塩ビラップは売られているか"では，いる59.8 %，いない35.5 %で，"いる"は前年よりも15.8ポイント減少した。"トレイ包装に塩ビ製品を使っているか"では，使っていない62.5 %，使っている25.3 %であった。前年は塩ビラップを使っていない店は3割だったのに対して2002年には6割以上となった。

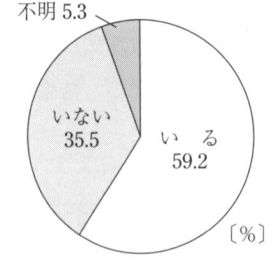

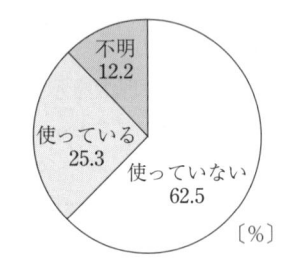

　　　（a）塩ビラップは売られているか　　　（b）トレイ包装に塩ビ製品を使っているか
　　　　　　　図1　全国スーパーマーケットでの塩ビラップに関する調査結果[1]

　ダイオキシンの発生に関する現在の状況は以下である。確かに単純に塩化ビニルを燃やすと，ダイオキシン類が生成する。特に800 ℃以下の低い温度で顕著となる。しかし最近の新型の焼却炉は燃焼温度850 ℃以上をつねに保持することが可能となっているため，ほとんどのダイオキシン類は生成されずに分解される。さらに燃焼ガスを急冷することにより，ダイオキシン類の再合成も防ぐことができる。またさらに新しい焼却方式であるガス化溶融炉では，塩化ビニルを含む固体廃棄物をいったん蒸し焼きにして高温ガスとした後に，1 000 ℃以上の高温で燃焼させるために，ダイオキシンの生成量は排出基準値をはる

かに下回るきわめて微量となる。

一方，日本消費者連盟など約90の市民団体で作る"環境ホルモン全国市民団体テーブル"は，市販されている塩ビラップの中から2社の製品を選んでおにぎりやコロッケを温めたところ，"内分泌攪乱物質（環境ホルモン）"の疑いのある"ノニルフェノール"が検出されたことを明らかにしている。このようにダイオキシンに代わる新たな危険性が指摘されている例もある。

つまり一種の"いたちごっこ"に陥っている状況である。塩化ビニルの焼却処理におけるダイオキシンの生成は，焼却技術の進展により抑えられることが検証された。一方，新たな危険性として，電子レンジの加熱により塩化ビニルの安定剤から環境ホルモンであるノニルフェノールの発生が認められたというのである。しかし例えば食品用ラップを塩化ビニルからほかの材質へ変えたから絶対安心とはいえない。その中にも焼却や過熱によりなんらかの環境ホルモンの生成が見られる可能性がないとはいえないからである。高分子化合物製のラップ類を調理時に高温に加熱することはできるだけ避けるべきである。また焼却処理時にも，ダイオキシン類以外の環境ホルモンの生成がないか，慎重に分析すべきである。そういう意味にて，"いたちごっこ"状態は今後もしばらく続くであろう。〔中込〕

コメント 塩化ビニルは分別回収ができればリサイクルしやすく，熱にも強くさまざまなところで使われている。焼却炉の排ガス処理や燃焼制御の技術開発により，燃焼後の排ガスにはダイオキシンは含まれないようになった。樹脂に添加された可塑剤に関しても塩ビ環境協会によれば安全性が確認されているとのことである。塩ビラップは食品衛生上もなんら問題がなく，マスコミによるダイオキシン報道が原因で，業界は大変な迷惑を受けたものと思われる。〔行本〕

引用・参考文献
1) 新日本婦人の会："全国いっせいスーパーマーケット調べ"の結果について（2002）
   http://www.shinfujin.gr.jp/a_5_research/files/r_ank_0210.html
2) ドクトルアウンの気になる健康情報，環境ホルモン3の3
   http://www.naoru.com/kankyou-.3

ごみ・リサイクル　15

紙おむつは省エネ効果があるか？

　紙は，木材から化学薬品で植物繊維（セルロース）を取り出した化学パルプを原料として製造する。古紙はセルロース原料化が容易なため，製紙原料には多量に用いられているが，紙おむつは大半が化学パルプである。
　新聞記事によれば，英国では紙おむつと洗って再利用できる布おむつの環境影響調査が行われ，大差ないことがわかったと紹介されていた。調査は3年間のおむつを製造するために使われる石油から，輸送費，使用から廃棄までのライフサイクル全体にかかるすべてのエネルギーを対象としている。ただしこの計算で布おむつが環境に与える要因としては，おむつを洗濯機，乾燥機にかける際に使用する電力であり，節電，乾燥温度低下など省エネにより大幅な改善が期待されている。しかし，布おむつはおむつ全体の5％程度と少ない。英国では25億個の紙おむつが購入され，使用後はほとんど埋立て処分されている。
　わが国での赤ちゃん用紙おむつは1985年頃から急速に普及し，現在の紙おむつの使用率は90％以上である。2006年における生産枚数は約75億枚で，生産量は約24万トンであり，原料の6割が紙パルプである。14万トンの紙，針葉樹に換算して25万本分が消費されている。大人用紙おむつは約40億枚で，今後高齢化に伴い，さらに増加が予想される。使用後の紙おむつは大半が埋立てで一部が焼却処理されている。紙おむつのごみや森林資源の浪費と，布おむつの洗濯で出る汚れた排水，どちらが環境に対して悪影響が大きいのか評価は難しいとされている。
　一方，省エネに関しては，わが国では1998年に省エネルギー法が改正され，従来の大規模なエネルギー利用工場に対するCOP3におけるCO$_2$排出量削減目標への対応を目的に改正された。法律ではエネルギー使用の合理化が謳われており，エネルギー使用者に対する省エネ努力を課す内容となっている。紙の廃棄物は産業廃棄物では年間約2 200万トン排出されており，その半分が再利

用されている。産業廃棄物としては紙おむつ製造工場から排出される製品残渣は量も少ないものと思われる。使用済み紙おむつは一般廃棄物として排出されており，一般廃棄物の中の1％を占め，大半が焼却および埋立て処分されている。紙おむつを分別回収して，RPFとして都市ごみの大型焼却炉での熱回収や発電を行えば，紙おむつのライフサイクルにおける省エネ効果が期待できるものと考えられる。

近年，布おむつはわが国でも使用される頻度が少なく，便利さから多様な紙おむつ製品が開発されており（**図1**），プラスチックとの混合廃棄物の処理が問題となっている。バイオマス資源の有効活用の観点から新たな再生技術（超臨界分解，ガス化など）の開発が今後期待されている。

これらの調査結果から，紙おむつは今後省エネの期待が持てるのではないだろうか。〔行本〕

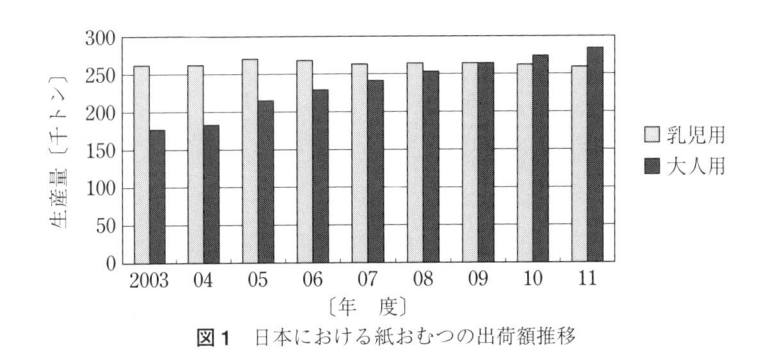

図1 日本における紙おむつの出荷額推移

コメント 紙おむつの生産で発生する残渣や不良品は破砕され，一部はプラスチックブロックや板のリサイクル製品となっている。病院などでの使用済み紙おむつは医療系廃棄物として焼却，熱利用されている。一方，布おむつは洗濯すれば何回でも使用できるので，紙おむつに比べエネルギー消費は少ない。しかし，私たちは楽な生活をするために，多量のエネルギーを使う社会に転換してきたという事実も忘れてはならない。〔小島〕

ごみ・リサイクル 16

プラスチックは燃えやすい？

→関連：ごみ・リサイクル 02, 09

　廃プラスチックは，焼却炉内で溶けて燃焼を阻害し，高温燃焼ガスが炉材を痛めることから，燃やさずに埋立て処分されることが多い。しかし，プラスチックは石油や石炭と同程度の発熱量を有する炭化水素化合物であり，一部の特殊なものを除けば硫黄や窒素の含有率が低く，有用なエネルギー資源と見なせるので当然"燃やしても良い"資源であり，"どう燃やすか"は重要な課題となる。

　プラスチックは，熱可塑性樹脂と熱硬化性樹脂に大別され，熱可塑性樹脂は熱を加えると流動し，冷えると固まるので成形が可能となる。熱硬化性樹脂は加熱すると一時は流動体になるが次第に架橋反応により硬化し，再び加熱しても流動しない。

　熱可塑性樹脂は，汎用プラスチックとエンジニアリングプラスチックに分かれる。汎用プラスチックには PE（ポリエチレン），PP（ポリプロピレン），PS（ポリスチレン）などが挙げられる。

　廃プラスチックの総排出量の内訳を見ると PE と PP，PS で約 75 ％を占めている。これらの平均発熱量は 29.3 MJ／kg で原油（38.2 MJ／kg）とほぼ同等であり，重要な燃料となり得る。容器包装材や家電製品などに使われる大部分のプラスチックは熱を加えると軟らかくなり，さらに加熱するとガス状となる燃えやすい熱可塑性樹脂であり，プラスチック中に含まれる硫黄や灰分は少ない。しかし，直接燃焼させた場合には，溶融炭化したプラスチックによる通気孔の目詰まりや塩化水素などの腐食性ガスへの対策が必要になる。また，プラスチックをいったん合成燃料（油，ガス）に転換すると，原料組成の変動による影響を受けにくく，安定したエネルギー回収が可能となる。

　一方，これらの中でも難燃性プラスチック，いわゆる燃えにくい樹脂としては，PVC（ポリ塩化ビニル）や ABS（臭素化樹脂）などが生活品に用いられている。特に PVC は廃プラスチックの 10 ％を占め，建設系資材や配管・継ぎ

手に用いられている。

プラスチックの熱重量分析結果（その温度にしたときに熱分解されずに残っている重量のパーセンテージ）を**図1**に示す。いずれのプラスチックも200 ℃以上で熱分解が始まり，300 ℃付近で熱分解ガス（メタン，一酸化炭素，水素など可燃ガス）を発生する。可燃性ガスに引火し，プラスチックの燃焼が始まり，500 ℃以上で溶融，炭化する。塩化水素や臭化ガスの発生はこの熱分解ガスの着火を遅れさせる。

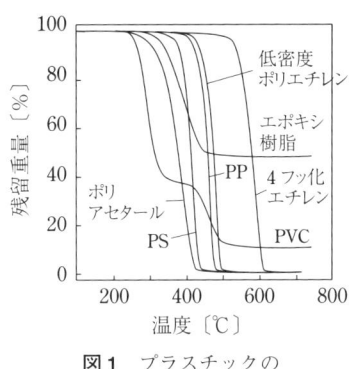

図1 プラスチックの熱重量分析結果

電子機器の分野で開発されたハロゲン系難燃剤やリン化合物は環境への影響が大きく，最近はシリコン系難燃剤を使ったプラスチックであるポリカーボネート樹脂が開発され，パソコンなどに実用化されている。これは着火時にシリコンが表面に拡散して燃えにくい層を形成する。ほかにも自己消火できるエポキシ樹脂が開発されており，着火時に発泡，断熱層を形成する。

このように，プラスチックは石油製品であるので燃えやすいだろうと思われがちだが，燃えにくいプラスチックも開発されており，プラスチックもさまざまである。〔行本〕

コメント　プラスチックは石油製品であるので，発熱量も大きく，燃料として利用価値が高い。実際は，燃えるのではなく，熱分解反応による熱分解生成物に着火し，ガスが燃焼している。したがってよく燃えるように見えるのは生成物への着火が早い，生成物の着火後の可燃性ガスの発生が多いなどと考えられる。〔小島〕

引用・参考文献
1) プラスチックリサイクル研究会：最新プラスチックのリサイクル100の知識，p.28，東京書籍（2000）
2) 中村沢雄，佐藤功：初歩から学ぶプラスチック―選ぶ・つくる・使う，p.122，工業調査会（1995）

― 編著者略歴 ―

小島　紀徳　（こじま　としのり）
1975 年　東京大学工学部化学工学科卒業
1977 年　東京大学大学院工学研究科修士課程修了
　　　　　（化学工学専攻）
1980 年　東京大学大学院工学研究科博士課程
　　　　　単位取得満期退学（化学工学専攻）
1980 年　日本学術振興会奨励研究員
1981 年　工学博士（東京大学）
1981 年　東京大学助手
1987 年　東京大学講師
1987 年　成蹊大学講師
1988 年　成蹊大学助教授
1994 年　成蹊大学教授
　　　　　現在に至る

行本　正雄　（ゆくもと　まさお）
1976 年　大阪大学工学部精密工学科卒業
1978 年　大阪大学大学院工学研究科修士課程修了
　　　　　（精密工学専攻）
1978 年　川崎製鉄株式会社勤務
1997 年　博士（工学）（大阪大学）
2000 年　技術士（衛生工学）
2001 年　芝浦工業大学非常勤講師
2003 年　JFE ホールディングス株式会社
　　　　　（川崎製鉄・日本鋼管合併）勤務
2006 年　中部大学教授
　　　　　現在に至る

鈴木　達治郎　（すずき　たつじろう）
1975 年　東京大学工学部原子力工学科卒業
1978 年　マサチューセッツ工科大学（MIT）
　　　　　プログラム修士課程修了（技術と政策）
1978 年　株式会社ボストン・コンサルティング・
　　　　　グループ勤務
1981 年　国際エネルギー政策フォーラム主任研究員
1986 年　MIT エネルギー政策研究センター客員研究員
1988 年　工学博士（東京大学）
1989 年　MIT 国際原子力安全性向上プログラム
　　　　　副ディレクター（兼務）
1993 年　MIT 国際問題研究センター主任研究員
1996 年　財団法人電力中央研究所（2009 年まで）
2006 年　東京大学公共政策大学院客員教授（兼務）
2010 年　内閣府原子力委員
　　　　　現在に至る

エネルギー・環境100の大誤解
100 Misunderstandings about Energy & Environmental Issues

© Kojima, Suzuki, Yukumoto　2009

2009 年 3 月 27 日　初版第 1 刷発行
2010 年 2 月 10 日　初版第 2 刷発行

検印省略

編著者　　小　島　紀　徳
　　　　　鈴　木　達治郎
　　　　　行　本　正　雄
発行者　　株式会社　コロナ社
代表者　　牛来真也
印刷所　　萩原印刷株式会社

112-0011　東京都文京区千石 4-46-10
発行所　株式会社　コロナ社
CORONA PUBLISHING CO., LTD.
Tokyo　Japan
振替 00140-8-14844・電話(03)3941-3131 (代)

ホームページ　http://www.coronasha.co.jp

ISBN 978-4-339-06613-5　（柏原）　（製本：愛千製本所）
Printed in Japan

無断複写・転載を禁ずる
落丁・乱丁本はお取替えいたします